JN023043

大学**1・2**年生のための

すぐわかる

生化学

大森 茂 著

東京図書

装幀● 岡孝治
イラスト● 小嶋美澄, つだゆみ, 桑原小梅

は　じ　め　に

　学問の進歩とともに生命現象を細かなレベルで考える必要が生じて生化学という学問が生まれました。これまでは，生理学がたとえばヒトの体全体をコントロールするものとして循環系生理学，神経生理学がそれを担ってきました。

　ところがヒトの体を知るためには，個々の細胞の機能を知ることが必要となりました。細胞内の化学物質の変化を分子レベルで調べる必要が出てきたのです。化学の知識を活用して生命現象を解明する「生化学」が誕生したのです。細胞内で起きている目に見えない変化（代謝）を解明することから始まりました。分子生物学が遺伝子を中心にすえて，タンパク質の構造を決定するだけでなく，細胞内の物質をつくりあげて，生物に統一性を与えることを解明する学問です。生化学は，細胞内にすでに存在する化学物質の相互反応を調べて，どのように反応してエネルギー物質を作り出していくかをより具体的に解明していく学問と考えることができます。

　生命を支える物質には糖質，タンパク質，脂質，核酸などがあります。これらの化学物質が細胞内でどのような機能を担っているかを知るためには，まず化学構造を知り，どのような化学反応を起こしていくかを知る必要があります。そのために，化学の基礎知識を本書で説明しておきました。

　本書では，化学の膨大な学問の領域の中で必要なところを選択して取り上げています。「biochemical words」では生化学に関する基礎事項を取り上げて説明しています。また「point」では重要事項の解説を取り上げて理解してもらうようにしています。

　「コラム」では，その分野に関連する事項の応用や発展した出来事などをトピック的に取り上げて解説しておきました。基礎的な研究が現実生活にどのように反映しているかを解説しています。

　「人物紹介」のところでは，研究者の似顔絵を入れることでより親近感を感じていただけると思います。生化学の研究がどのようなところから始まったのかその歴史を掘り下げて，非常に興味を引く研究方法を経てどのように現在の結果に至ったかを丁寧に解説してあります。

　本文中の太字に書いてあるところは重要な事項ですから，この部分は理解し，記憶しておくようにしましょう。また赤字の部分は自分でその部分を的確に表現できるレベルまでインプットしておきましょう。

　タンパク質の構造と機能については徹底的に理解を深めておくことです。

タンパク質の特異的な機能としてイオンの流れを調節し，細胞運動を行い，シグナルを受信し，それを伝達することなどを担います。タンパク質が関与する受容体などのところは何度も繰り返して読んで，理解するように努めてください。

　最後に，本書の編集にあたり，その作業過程で細かな文章などの内容をチェックしてくださった編集部の清水様，渡邊様，文章中の人物イラスト作成に携わっていただきました小嶋美澄様，つだゆみ様，桑原小梅様に心より感謝いたします。

2023 年 4 月　大森　茂

目次

SECTION 8 **分子生物学** 199

生化学の研究史

1857	パスツール（フランス）がパスツール効果を発見
1876	キューネ（ドイツ）がトリプシンを発見[*1]
1897	ブフナー（ドイツ）がチマーゼを発見[*2]
1902	ベイリス（イギリス）とスターリング（イギリス）がセクレチンを発見
1905	ブラックマン（イギリス）が，光合成の反応が明反応と暗反応からなることを推論[*3]
1913	ミカエリス（ドイツ）とメンテン（カナダ）が酵素反応の速度論を提唱[*4]
1913	ウィルシュテッター（ドイツ）がクロロフィルを結晶化し，化学構造を決定
1925	マイヤーホーフ（ドイツ）が解糖の経路を解明[*5]
1926	サムナー（アメリカ）が，ウレアーゼがタンパク質であることを結晶化の成功で証明

[*1] キューネは膵臓が分泌する膵液の中に，他の生体物質を分解する物質が含まれていることを突き止め，これをトリプシンと名づけた。彼はトリプシンが不活性な前駆体から生じることも発見した。トリプシノーゲンという前駆体がトリプシンに変化し，活性を持つようになる。トリプシンは，アルギニンまたはリシンのC末端側のペプチド結合を切断する。

[*2] 酵母のしぼり汁に発酵能力があることを発見。その成分をチマーゼと命名した。現在では，チマーゼは複数の酵素からなる集合体で，コチマーゼの多くがNAD^+であることがわかっている。

[*3] 「同じ温度では光が弱いとき，光が光合成速度を決め，光が強くなれば逆に温度が光合成速度を決める」（これを限定要因説といい，光化学反応と熱化学反応の2つの存在を暗示）

[*4] $Vmax$，Kmを求めるには，1/vと1/[S]のプロットを行ない，そのグラフの切片を読み取って計算する。グラフのどこかの基質濃度[S]とそのときのvを読み取り，1/vと1/[S]をプロットすれば求められる。詳しくはSECTION 3のLineweaver-Burk（ラインウィーバー・バーク）プロットを参照。

[*5] ペンシルベニア大学教授，筋収縮に伴う乳酸発生の研究で，1922年ノーベル生理学・医学賞。その後も，解糖作用の

エムデン＝マイヤーホフ＝パルナス経路の解明やATPの研究等，多くの業績をあげた。

1929	ローマン（イギリス）が ATP を発見[6]
1929	フレミング（イギリス）がアオカビからペニシリンを抽出，これにより抗生物質研究への道を開く[7]
1932	クレブス（イギリス）とヘンゼライト（イギリス）が尿素回路を解明
1937	クレブスがクエン酸回路を解明[8]
1939	ヒル（イギリス）が，光によって水素が受け取る物質に受け渡され O_2 が発生するという光化学反応を含む過程が存在することを示した[9]
1941	ルーベン（アメリカ）が，光合成で発生する酸素はすべて水に由来することを示した
1942	セントジェルジ（ハンガリー）が，筋収縮のしくみを生化学的に研究
1951	シャルガフ（オーストリア→アメリカ）が，DNA の塩基組成は A ＝ T，C ＝ G の関係がなりたつことを発表
1953	ホジキン（イギリス）が神経興奮について Na^+ と K^+ の出入りを研究

[6] ベルリンのカイザー・ウィルヘルム生物学研究所でマイヤーホーフの助手となり，のちベルリン大学の教授となった。1929 年に筋肉の搾汁中から，筋肉の乳酸生成に関与する因子としてアデノシン三リン酸（ATP）を発見した。

[7] 1928 年にロンドン大学教授となり，ペニシリンを発見し，ライトの死後 1944 年にライト・フレミング微生物研究所長となり，同年ナイトの称号を受けた。ペニシリンの研究によってフローリー，チェインとともに 1945 年ノーベル生理学・医学賞を受けた。

[8] 動植物を通じて呼吸のもっとも主要な代謝経路と考えられているもので，トリカルボン酸 tricarboxylic acid 回路のこと。1937 年にこれを発見したイギリスの生化学者 H・A・クレブスが，この回路にはクエン酸やイソクエン酸（クエン酸の異性体）などカルボキシ基（カルボキシル基）を 3 個もつ有機酸（トリカルボン酸）が関与しているところから命名した。また，クエン酸の合成でこの回路が始まることから，クエン酸回路ともよばれる。

[9] 二酸化炭素固定反応を失った葉緑体画分にフェリシアン化カリウムなどの人工的電子受容体を加え，光照射したときに起こる酸素発生反応。ヒルにより 1930 年代に初めて見いだされたため，「ヒル反応」とよばれる。この発見により酸素発生反応（光化学反応）が二酸化炭素の固定反応（CO_2 の還元反応）とは独立した反応であることが明確に示された。

[*10] サンガーは，タンパク質は分子が順番に並んだものであることを証明し，それから類推して，これらのタンパク質を作っている遺伝子やDNAも，順番，もしくは配列を持っているに違いないと推定した。サンガーは，タンパク質の構造の研究で，1958年にひとつめのノーベル化学賞を受賞した。

[*11] 1956年，コーンバーグはDNAポリメラーゼIとして知られる初めてのDNA合成酵素を単離し，この業績で1959年のノーベル生理学・医学賞を受賞した。1953年に，ワシントン大学セント・ルイス校医学部の微生物学部長に任命され，彼はDNAポリメラーゼIを単離し，DNAは試験管の中で作ることができることを示した。1959年のノーベル賞は，コーンバーグは酵素によるDNAの合成を，オチョアは酵素によるRNAの合成を示した業績に対しての受賞であった。

[*12] 還元的ペントースリン酸回路ともいう。M.カルビン，A.ベンソンにより確立された光合成の暗反応経路のこと。明反応経路の光化学反応によって供給されるATPとNADPHを利用してCO_2から糖を生成する反応である。CO_2はリブロース1,5-ビスリン酸と反応して，2分子の3-ホスホグリセリン酸になり，さらにATPによるリン酸化，NADPHによる還元を受けて，グリセルアルデヒド3-リン酸となる。この一部は回路の出発物質リブロース1,5-ビスリン酸を再生するのに使われ，回路の反応が一巡する。残りはグルコース1-リン酸を経てスクロース，デンプン，セルロースへと変わる。

[*13] 種々の波長で光合成の量子収率を測定すると，クロロフィルによる吸収があるにもかかわらず，紅藻では650nm，緑藻では680nmより長波長の光では量子収率が急激に低下する。この現象は"レッドドロップ"（red drop）と呼ばれる。このレッドドロップ現象は，より波長の短い光を同時に照射すると見られなくなる。すなわち，波長が異なる2つの単色光（片方は680nm以上，もう一方は650nm以下の光）を同時に照射したときの光合成速度はこれらの単色光を単独で照射したときの光合成速度の和よりも大きくなる。この現象を，発見者Emersonにちなんで，エマーソン効果と呼ぶ。光合成電子伝達系には直列に働く2つの光化学系があり，短波長の光は両方の光化学系が利用できるが，長波長の光は片方の光化学系しか利用できないと考えるとエマーソン効果をうまく説明できることから，エマーソン効果の研究は，光化学系Iおよび光化学系IIと呼ばれる2つの光化学系が存在するという概念の確立につながった。

1960	アンフィンセン（アメリカ）がタンパク質の立体構造は一次構造に依存して形成されることを示した[14]
1961	ジャコブ（フランス）とモノー（フランス）がオペロン説を提唱[15]
1962	下村脩（日本）が緑色蛍光タンパク質（GFP）を発見
1962	ガードン（イギリス）が体細胞の核が卵細胞の中で初期化されることを発見[16]
1965	ニーレンバーグ（アメリカ）とコラーナ（アメリカ）らが遺伝情報の解読に成功
1966	岡崎令治（日本）が岡崎フラグメントを発見
1966	ヤーゲンドルフ（アメリカ）がチラコイド内外の pH 濃度差によって ATP 合成が進むことを示した
1972	ブローベル（ドイツ）が，分泌タンパク質が先端にあるシグナルペプチド配列により膜を透過する機構を解明[17]
1973	スタインマン（カナダ）が樹状細胞を発見

[14] アンフィンセンが提唱した仮説をアンフィンセンのドグマという。この考えは，タンパク質が本来の構造に折りたたまれるのは，タンパク質のアミノ酸配列によって自動的に行われるというもの。これは一部のタンパク質にのみ当てはまる。他のタンパク質では，シャペロンが必要となる。アンフィンセンは酵素リボヌクレアーゼ A の構造に関する研究で 1972 年のノーベル化学賞を共同受賞した。

[15] 原核生物では，関連する複数の遺伝子が隣り合った転写単位である「オペロン」が存在し，調節遺伝子によって共通の制御を受けている。ラクトースオペロンのようにリプレッサー（制御因子）と呼ばれる調節タンパク質が転写を制御する調節は「負の調節」と呼ばれ，逆に活性化因子とよばれる調節タンパク質が転写を促進する調節は「正の調節」と呼ばれる。

[16] アフリカツメガエルの成体の細胞（水かきの表皮細胞）から核をとりだし，あらかじめ核を不活性化した卵に移植すると正常なオタマジャクシになるものがあった。このことから，分化した細胞の核にも発生に必要な遺伝情報を保持していると考えた。この実験が将来の山中伸弥の iPS 細胞の研究につながる。

[17] 1971 年，細胞内のリボソームで合成された分泌タンパク質は，小胞体に輸送されるために固有のシグナル配列をもっているとする「シグナル仮説」を提唱。その後 20 年近くかけて，彼自身を含む多くの研究者により，分泌タンパク質の分泌までの過程をはじめとする細胞内タンパク質の輸送システムが明らかになり，シグナル仮説が実証された。

1978	ボイヤー（アメリカ）が遺伝子組換えにより大腸菌によるインスリン合成に成功
1979	利根川進（日本）が，多様な抗体を生成する遺伝子レベルの原理を解明[18]
1981	ボイヤー（アメリカ）がATP合成酵素の機構を提唱
1982	パルミター（アメリカ）とブリンスター（アメリカ）がスーパーマウスを誕生させる
1982	プルシナー（アメリカ）が，タンパク質からなり核酸を含まない新感染物質をプリオンと命名（BSEの原因物質）[19]
1983	マリス（アメリカ）がPCR法を開発
1983	モンタニエ（フランス）とバレシヌシ（フランス）がエイズウイルスの単離に成功
1983	マーシャル（オーストラリア）とウォレン（オーストラリア）がピロリ菌を発見[20]

[18] 抗体の可変部は抗原の種類によって多種類存在する必要がある。この多種類の抗体の可変部はH鎖ではV, D, Jの3つの遺伝子群からそれぞれ1個ずつ選択される遺伝子の再構成が生じることでできる。L鎖ではV, Jの2つの遺伝子群から1つずつ選択されてできる。この結果膨大な種類の抗体がつくられる。

[19] プリオンとはタンパク質からなる感染性因子のことであり，ミスフォールドしたタンパク質がその構造を正常の構造のタンパク質に伝えることで伝播する。他の感染性因子と異なり，DNAやRNAといった核酸は含まれていない。狂牛病やクロイツフェルト・ヤコブ病などの伝達性海綿状脳症の原因となり，これらの病気はプリオン病と呼ばれている。脳などの神経組織の構造に影響を及ぼす極めて進行が速い疾患として知られており，治療法が確立していない致死性の疾患である。

[20] ピロリ菌は胃の表層を覆う粘液の中に住みつく菌で，感染したまま放置しておくと慢性胃炎，胃・十二指腸潰瘍かいよう，胃がんなどが引き起こされることがある。ピロリ菌の最も大きな特徴は，酸素の存在する大気中では発育しないことで，酸素にさらされると徐々に死滅する。乾燥にも弱く，グラム陰性桿菌に分類される。大きさは0.5×2.5〜4.0μmで，数本のべん毛を持ち，胃の中を移動する。ピロリ菌が強酸性下の胃の中で生育できるのは，胃の中にある尿素をアンモニアと二酸化炭素に分解し，アンモニアで酸を中和することにより，自分の身の周りの酸を和らげて生きている。

1984	グライダー（アメリカ）とブラックバーン（アメリカ）らがテロメラーゼを発見 [21]
1988	アグレ（アメリカ）がアクアポリンを発見
1988	ロバート・レフコウィッツ（イギリス）がGタンパク質共役型受容体を解明
1988	大隅良典（日本）がオートファジーのしくみを解明 [22]
1992	ピーター・アグレ（アメリカ）がアクアポリンを発見
1996	ウィルムット（イギリス）とキャンベル（イギリス）がヒツジの体細胞クローン作製 [23]
1998	ファイアー（アメリカ）とメロー（アメリカ）がRNA干渉を発見 [24]
1998	トムソン（アメリカ）がヒトES細胞の作製に成功
1998	マキノン（アメリカ）がイオンチャネルの構造を解明 [25]
2000	ロジャー・コーンバーグ（アメリカ）が真核生物における転写機構を分子レベルで解明 [26]

[21] DNAの末端部分をテロメアという。真核細胞のこの領域は，ラギング鎖の合成開始時に使われるプライマーが分解されるため，完全には複製されない。テロメアはDNAの端に短い塩基配列を繰り返し付け足していくテロメラーゼという酵素によってつくられる。この酵素テロメラーゼを彼らが発見した。

[22] オートファジーでは細胞内で取り込んだ空間をまるごと消化するため，バルク分解系と呼ばれている。また，ミトコンドリアやペルオキシソームなどの細胞小器官をオートファジーによって選択的に分解する機構が存在する。その分解機構は総じて「選択的オートファジー」と呼ばれ，ミトコンドリアを選択的に分解する機構を特に「マイトファジー」，ペルオキシソームの選択的分解を「ペキソファジー」と呼ぶ。

[23] クローンヒツジドリーは乳腺細胞の核を用いてつくられた。クローン動物はもととなった動物とゲノムが同一でももととなった動物の完全なコピーにはならない。発生の過程でゲノムの塩基配列に変化がなくても，細胞内の染色体にさまざまな変化が生じるため個体ごとに少しずつ形質に違いが生じることがわかっている。

[24] mRNAの一部と同じ塩基配列をもつ短い2本鎖RNAが細胞中にあると，mRNAが分解される現象をRNA干渉という。特定の遺伝子の機能を抑制するために，その遺伝子のmRNAの一部と同じ塩基配列をもつ短い2本鎖RNAを培養液や生物個体へ入れると，細胞の中でそのmRNAのはたらきを抑制し，遺伝子そのものを不活性化させるのと同じ効果得られる。

[25] K^+とNa^+ではNa^+のほうがサイズが小さいのにK^+チャネルを通過できない。K^+がチャネルを通過するときには，イオンにひきつけられている水分子が除去されて，通路に存在するアミノ酸のカルボニル基（-CO-）の酸素原子とイオン反応する必要がある。Na^+は通路に向き合って分布する4つのカルボニル基のすべての酸素とうまく反応できないため水分子が剥ぎ取られて，チャネルの通路内に侵入することができない。この違いがK^+は通すがNa^+は通さないという性質につながる。

[26] ロジャー・コーンバーグは真核生物で転写を司る分子であるRNAポリメラーゼ（RNA合成酵素）がどのように働いているかを電子顕微鏡とX線回折を使って明らかにした。父のアーサー・コーンバーグもノーベル賞（生理学・医学賞）を受賞しており，ノーベル賞史上7組目の親子受賞となった（[11]参照）。

*27 遺伝子の本体である DNA はかつて安定で変わらないものだと思われていた。それを覆したのが，化学賞の受賞が決まった英フランシス・クリック研究所のトーマス・リンダール博士だ。1970 年代に，DNA は様々な原因で大量に傷つき，修復されていることを突き止めた。そしてエラーが起きた箇所をピンポイントで切り離し，正しく直す「塩基除去修復」のしくみを解明した。

*28 植物や光合成細菌は光合成において，水（H_2O）から酸素（O_2）を作る酸素発生反応を起こす。この反応の酸素発生中心は，4 個のマンガン（Mn）と 1 個のカルシウム（Ca）からなる Mn_4Ca クラスターからなり触媒としての役割を担っている。酸素発生中心は，電子数の異なる状態（酸化状態）を五つもとり，これによって H_2O から電子（e^-）を 4 個も引き抜く複雑な酸素発生反応を実現している。この反応のメカニズムを解明するため，Mn_4Ca クラスターの五つの状態それぞれの解析が国内外で進められている。

*29 理化学研究所が参加する国際プロジェクト「ENCODE（エンコード）」は，5 年間をかけて，DNA エレメントデータと呼ばれる遺伝子由来の膨大なデータを収集して解析し，ヒトゲノムの 80％の領域に機能があることを明らかにした。その中で理研オミックス基盤研究領域（OSC）は，独自の遺伝子解析技術（CAGE 法）を用いて，DNA から RNA が合成されるときに重要な役割をもつ領域である「遺伝子転写開始点」の解析に貢献した。理研 OSC が独自に開発した CAGE 法は，ゲノム全体の遺伝子転写開始点の位置とその発現を定量的に調べることが可能である。この技術を用いて約 62,000 の「遺伝子転写開始点」を同定し，それらのデータは，ヒストン修飾や転写因子結合部位と RNA 発現の関係の，これまでにない詳細な解析に寄与した。

生体分子の種類

Types of Biomolecules

1 生化学 (biochemistry)

化学的側面から生命現象を研究する

■生化学 (biochemistry) とはどんな学問？

　生化学は，生命現象を化学的側面から研究する1つの切り口として考えられた学問です。物理的な側面から生命現象を研究するならば，生物物理学となります。生化学では，身近にある生命現象を，物質や反応を用いた化学的な視点から説明します。

　生体は多種多様な有機化学物質の集合体であるばかりでなく，それらの化学物質は相互に連携し，調和がとれ独立した物質の再生生産システムを形成しています。すなわち，生体物質の変化（代謝）をつかさどる主体も生体物質であるばかりではなく，それら主体となる物質の遺伝物質やタンパク質合成系も生体物質で構成されています。

■生化学の研究対象

　生化学の研究対象は生体物質全般ですが，中でもタンパク質，核酸，糖質など生体由来の高分子は生化学システムを構成する主役で，今日でも生化学研究の重要な研究対象の源泉です。また，生体膜の主成分である脂質は細胞および細胞内器官を形成するだけでなく生体物質間の情報伝達の役割も果たしており，生化学の研究対象としても最近特に重要性を増しています。タンパク質や核酸の研究はかなり進んでいるものの，糖質や脂質の生化学的な研究についてはまだ開拓中の分野です。

リービッヒとパスツール

■生化学の歴史

　たとえば，パンをつくるためには酵母が必要で，酵母は微生物の1種でパン生地に混ぜて寝かせておくと，CO_2を発生させて生地を膨らませてパンができます。この現象に関して，ドイツの化学者であるリービッヒは，発酵は酵素反応であると主張したのです。一方，フランスの化学者パスツール（Louis Pasteur, 1822-1895）は酵母がグルコースをエタノールとCO_2に分解した結果パンが生じたので，この発酵には生きた酵母が必要であると考えました。

■リービッヒとパスツールの論争

　リービッヒはウェーラーと共に有機物の研究を行っていましたが，発酵

という現象に興味を持ち，発酵は酵母から放出された「物質」の働きによる純粋に化学的な反応であろうと考えベルツェリウスの説に近い立場をとりました。酵母が壊れて放出された「物質」にグルコースを分解してエタノールに変える力があるのだろうと考えたのです。

ユストゥス・フォン・リービッヒ

ルイ・パスツール

　しかし，パスツールは1861年に「発酵現象が観察されるところにはかならず酵母が見つかる」ことなどを証拠に，発酵現象は酵母特有の生命反応であるとリービッヒらの考えを否定し激しい発酵論争が起こりました。

　パスツールの発酵に関する研究は，アルコール発酵ばかりでなく，乳酸発酵など幅広いものであり，また，その間に微生物学の誕生にかかわる貢献もしていることから知られるように，酵母のみでなく，広く発酵微生物の役割を論じることになりました。彼にとって，発酵は微生物の生理過程の現われとして捉えられるものでした。

　ところで，パスツールは研究中に大事な発見をしています。それは“パスツール効果★１”とよばれるもので，発酵を起こさせようとするとき，空気があると微生物は盛んに増殖するがエタノールが発生しにくくなるというものでした。逆に空気を断ち切ると微生物の増殖は緩やかになり，エタノールが発生しやすくなるとい

biochemical words

★１ パスツール効果

嫌気条件下では酵母の発酵が活発に行われるが，酸素が存在すると呼吸が活発になって発酵が抑制される現象をパスツール効果という。細胞は，酸素の有無によって代謝経路を変え，糖を効果的に消費している結果と考えることができる。

うものでした。彼はこの発見を踏まえて，1876 年に "発酵は無気状態での生命活動である" と結論したのです。

無機的酵素と有機的酵素

■ ferment という考え方

パスツールの見解に対していろいろな反論が展開されていました。その中で注目されるのはトラウベ（Moritz Traube, 1826-1894, ドイツ）が 1858 年に示した "発酵は**無機的酵素**によって生じる" という考えです。無機的酵素というのは，ジアスターゼやペプシンなど生物体から抽出しうる ferment[*2] につけられた名であり，これに対して酵母など発酵微生物に存在すると考えられている ferment には**有機的酵素**という名が与えられました。

このトラウベの考えを支持したのがベルテロ（Marcellin Pierre Eugène Berthelot, 1827-1907, フランス）です。彼はビール酵母の浸出液から抽出した物質がスクロースをグルコースとフルクトースに分解することを見出し，酵母の中にもジアスターゼやペプシンと同じような ferment があることを示しました。彼はこれを根拠に発酵は微生物の生理作用と関連しているとしたパスツールの考えに反対し，有機的酵母も無機的酵母と同じような作用をしているのであろうと主張したのです。

こうした論争の中で，1876 年キューネが 2 種類の ferment の混乱を避けるために，生きた細胞内で生命に関係ある化学反応を起こすものにのみ ferment という名を与え，ペプシンやトリプシン，あるいはベルテロが発見したインベルターゼなどに対しては，酵母中の ferment に似ているという点でギリシア語で "酵母の中

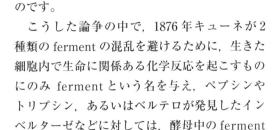

biochemical words

[*2] ferment

ferment は本来発酵させるという意味。酵母やバクテリアがアルコールを含む，より単純な物質に分解すること。つまり，「発酵する，発酵させる」という意味である。アルコール発酵は「alcohol fermentation」と表す。グルコース，フルクトース，スクロースなどの糖を分解して，エタノールと二酸化炭素を生成し，エネルギーを得る代謝プロセスであり，酸素を必要としない嫌気的反応である。酵母は，酸素がないところで，糖を用いてアルコール発酵する代表的な生物。

ベルテロ

の”という意味をもつ enzyme（en…中に，zyme…酵母）なる名称を与えるよう提案しました。

■パスツールとリービッヒの論争の決着

1897年ブフナー（Eduard Buchner, 1860-1917，ドイツ）により，無機的酵素と有機的酵素の同一性が示されることになりました。

ブフナー

ブフナーは，酵母をすりつぶしてからろ過し，そこにスクロースを加えると発酵してアルコールが生じることを示しました。この無細胞系でのアルコール発酵の論文は，生化学における新しい時代のはじまりでした。

その当時（1800年代後半において）の考えでは，酵素は生きた細胞が必要なものと必要でないものに分けられていました。そして，アルコール発酵に関わる酵素は前者に分類され，生きた酵母を用いないと研究できないと考えられていました。しかし，ブフナーの実験により，細胞内の化合物を取り出して実験するという手法が幅広く応用できると考えられるようになり，抽出液を用いた in vitro の実験が生化学研究で盛んに行われるようになりました。

この研究結果によりリービッヒとパスツールの論争に決着がつきリービッヒの考えが正しく，アルコール発酵は純粋な酵素反応であり，発酵に関与する酵素があればよく，生きた酵母は必要でないことがわかったのです。

彼はガラスの粉末で細かく砕いた酵母からの抽出液により生体外で発酵現象を起こさせることに成功し，その有効成分に対して**チマーゼ**[3]という名を与えました。

biochemical words

[3] チマーゼ

ブフナーは，すりつぶした酵母のしぼり汁にアルコール発酵を行う能力があることを発見し，しぼり汁中の酵素をチマーゼと名付けた。現在では，チマーゼは複数の酵素からなる集合体で，コチマーゼの大半が NAD^+ であることが示されています。

2 生物の定義

生物と細胞の関係

■生物は細胞からできている

　生物のからだはすべて細胞からできています。生物によって，1個の細胞が1個体となる単細胞生物から約500万個の細胞が集まって1個体となるアリ，そしてヒトでは37兆個※集まって1人のヒトとなります。

　すべての細胞は，細胞膜に包まれた構造をもち，細胞膜が内部と外部を隔てています。細胞の大きさや形は，生物によってさまざまですが多くの生物では1〜100 μm です。

※一般的にヒトの細胞数は60兆個といわれてきましたが，各器官における細胞数，細胞体積の文献情報をもとに再計算されて37兆個と考えられるようになってきています。

■生物の特徴は何？

　ウイルスのように生物とも非生物ともいえるものが存在するということがあるので生物の定義をしっかりさせておくことが必要です。まずいくつかある条件として，1) 生物は細胞膜（cell membrane）で包まれた細胞を基本構造としている，2) 遺伝物質（genetic material）である DNA をもつ，3) エネルギーを利用してさまざまな代謝活動（metabolic activity）を行う，4) 形質を子孫に伝える自己増殖能力（self-reproduction）をもつことなどがあげられます。その他に体内状態を一定に保つ恒常性（homeostasis）をもつことなどがあげられます。

■ウイルスは生物それとも非生物？

　ウイルスはまず細胞膜をもちません。タンパク質の殻と内部に遺伝物質である核酸（DNA または RNA）をもっています。ウイルス自身が物質合成や分解を行うことができず，その代わりに自己増殖するために，他の生物の細胞内に自身の核酸を侵入させて，その生物の細胞内でエネルギー，タンパク質，核酸を合成します。

　ウイルスの遺伝のしくみは生物と同じであり，ウイルスが生物起源であることは疑いのない事実ですが，生物がもつべき条件を完全にはクリアしていないことから，現在では非生物として扱われることが多いようです。

生物の界と共生

■細胞の多様性 （cell diversity）

　細胞は，核をもつ真核細胞 （eukaryotic cell） と核膜で包まれた明瞭な核をもたない原核細胞 （prokaryotic cell） に分けることができます。真核細胞では，ミトコンドリアや小胞体，ゴルジ体などの細胞小器官がありますが，原核細胞にはこのような細胞小器官はなく，存在するのは，細胞膜，細胞壁，リボソームなどです。原核細胞は，大腸菌，シアノバクテリアなどの細菌 （bacteria） と超好熱菌，メタン生成菌などの古細菌 （archaea） からなります。

　真核細胞からなる生物を真核生物，原核細胞からなる生物を原核生物と言います。原核生物には細菌と古細菌がありますが，古細菌のほうが真核生物に近い存在であることがわかっています。この考え方を三ドメイン説といいます。

　3つのドメインとは，細菌ドメイン・古細菌ドメイン・真核生物ドメインで，これを提唱したのは，ウーズ （Carl Richard Woese, 1928-2012） です。

　それまでの考え方は，「五界説」といいます。五界説とは，生物を5つの界に分類するものでした。その5つの界とは，**原核生物界** （モネラ界）・**原生生物界・菌界・植物界・動物界**です。原核生物界の生物はバクテリア（細菌）で，原生生物界の生物は藻類など**体制***の簡単な生物であり，菌界の生物はカビ・キノコなどの光合成をしない生物です。動物界の生物は文字通り動物ですから，ヒドラ・プラナリア・

> **biochemical words**
>
> ***体制**
> 組織・器官の分化など生物の基本的構造や形式のことを体制という。

カール・ウーズ

リン・マーグリス

トンボ・ウニ・カエルなどの生物です。そして，植物界の生物は光合成を
する植物で，コケ・シダ・種子植物からなります。

　五界説は，ホイタッカーとマーグリスによって提唱されました。マーグ
リス（Lynn Margulis, 1938-2011）は，**細胞内共生説**を唱えた人物である
ことも覚えておきましょう。

ドメイン	界
細菌ドメイン	原核生物界（モネラ界）
古細菌ドメイン	
真核生物ドメイン	原生生物界
	菌界
	植物界
	動物界

　　　　⬇　　　　　　　　⬇
　三ドメイン説　　　　五界説

■細胞内共生説とは？

　　細胞内共生説は，
"現在真核細胞の細胞小器官として存在するミトコンドリアや葉緑体は，
かつて好気性細菌であったものが宿主の細胞に取り込まれてその中で共生
することでミトコンドリアに変化した。そして，シアノバクテリアは宿主
細胞内で共生することで葉緑体へと変化した。"
とする考えをいいます。

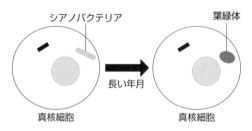

■細胞内共生説の証拠

　　ミトコンドリアと葉緑体は，
　1）性質の異なる二重膜で囲まれる

2）内部に DNA をもち，分裂によって増殖する

という特徴を持っています。

この特徴は，原核生物にも共通してみられる特徴なのです。

■三ドメイン説とは

生物分類学におけるドメイン（domain ドメイン）とは，界よりも上の，最も高いランク（階級）です。この階級における分類は，基礎的なゲノムの進化の違いを反映して行われます。三ドメイン説においては，真核生物ドメイン，細菌ドメイン，古細菌ドメインの 3 つのドメインが設定されました。

POINT

この階級の新設は，これまでの分類の最も高い階層である界が本来は植物と動物を分けるために設定されたものであったことに由来します。さまざまな生物の発見により界は徐々に増加したのですが，その中でも特に原核生物についての研究が進むにつれ，植物界と動物界の差よりも原核生物内部の多様性の方が非常に大きいことが解明されてきたことによって，界より上のランクを設定した方がよいのではないかという判断が生まれてきたことによります。古細菌の rRNA の塩基配列と真核生物の rRNA の塩基配列の発見がこれを後押ししたのです。

■エオサイト説

"真核生物は古細菌から進化した"とする有力な仮説であるエオサイト説が提唱されています。

この仮説に基づけば，3 つのドメインに分けるのではなく，「細菌」と「真核生物＋古細菌」の 2 つに分ける方が適切ということになります。

ウーズの三ドメイン説が過去の分類を大きく変容させたように，いずれは三ドメイン説もエオサイト説などの新しい分類に変化する可能性が高いと思われます。また，エオサイト説から発展した二ドメイン説という考え方も提唱されています。

3　単細胞生物と多細胞生物

原核生物と真核生物

■原核生物と真核生物の違いのまとめ

　原核生物と真核生物の違いをさまざまな角度から考えてみましょう。そしてその違いをまとめてみると次のようになります。

原核生物	真核生物
1.　核膜がない	1.　核膜がある
2.　ヒストンはないが，他に DNA 結合性のタンパク質があり，DNA はそれらと結合している	2.　DNA はヒストンと結合し，ヌクレオソームを形成し→クロマチン構造をとる
3.　環状 DNA 構造をとる	3.　直鎖状の DNA 構造となる
4.　2 枚の膜で包まれた細胞小器官をもたない	4.　2 枚の膜で包まれた細胞小器官をもつ
5.　リボソームは 70s（小型）	5.　リボソームは 80s（大型）
6.　タンパク質合成はクロラムフェニコールで阻害され，シクロヘキシミドで阻害されない	6.　タンパク質合成はシクロヘキシミドで阻害され，クロラムフェニコールで阻害されない
7.　細胞質の微小管をもたない	7.　細胞質の微小管をもつ
8.　ほとんど細胞内運動をしない	8.　細胞内運動を行う
9.　細胞膜にステロイドを含まない	9.　細胞膜にステロイドを含む
10.　すべて単細胞生物である	10.　単細胞生物と多細胞生物からなる

単細胞と多細胞

■単細胞生物（monad）と多細胞生物（multicellular organisms）

　生物はすべて細胞から構成されていますが，ゾウリムシやアメーバのように 1 つの細胞からなり，細胞内ですべての生命活動を行う単細胞生物と，さまざまな形や機能が異なる複数の細胞からなる多細胞生物があります。

　多細胞生物では，類似した細胞が集まって組織をつくりいくつかの組織が集まって器官を形成します。多細胞生物では，細胞がそれぞれの役目をもつように形や機能を分化させ，それぞれが協調してはたらくことにより，個体としての生命活動が保たれています。

　単細胞生物には，集団を形成し，1 つの個体のように生活するものもあります。このような集団を**細胞群体**（cell group）と呼びます。ゴニウム，

パンドリナ，ユードリナ，プレオドリナ，ボルボックス（オオヒゲマワリ）はクラミドモナスとよく似た細胞が集まった細胞群体です。ただし，細胞群体は多細胞生物に分類することはありません。

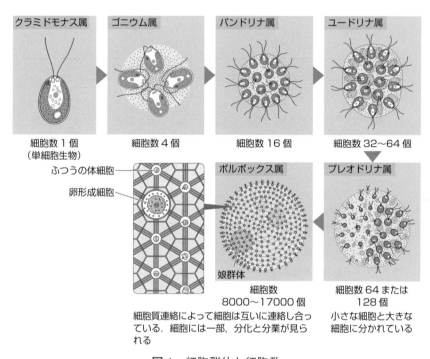

| クラミドモナス属 | ゴニウム属 | パンドリナ属 | ユードリナ属 |

細胞数 1 個
（単細胞生物）　　　　細胞数 4 個　　　　細胞数 16 個　　　細胞数 32〜64 個

ふつうの体細胞
卵形成細胞

| ボルボックス属 | プレオドリナ属 |

娘群体

細胞数
8000〜17000 個　　　　細胞数 64 または
　　　　　　　　　　　　　　128 個

細胞質連絡によって細胞は互いに連絡し合っている．細胞には一部，分化と分業が見られる　　　　　　　小さな細胞と大きな
　　　　　　　　　　　　　　細胞に分かれている

図1　細胞群体と細胞数

■クラミドモナスが実験材料に用いられてきた理由

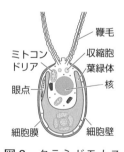

鞭毛
ミトコンドリア　　収縮胞
　　　　　　　　葉緑体
眼点　　　　　　　核
細胞膜　　　　　細胞壁

図2　クラミドモナス

　クラミドモナスが実験材料として優れている最大の理由は，細胞中の染色体セットが1組しかないことです（ヒトを含む多くの生物は，1つの細胞内に父方と母方の染色体セットを2組もちます）。染色体セットが1組しかなければ，その中のある遺伝子に突然変異が生じると，その効果（表現型）がすぐに現れます。2セットあると（もう1セットにある同じ遺伝子が変異の影響を補うことが多いので），表現型が現れにくいです。つまりクラミドモナスでは突然変異体を圧倒的に得やすいのです。これまでに，鞭毛運動や光合成に重要な各種の遺伝子の突然変異株を使った研究が数多く行われています。

■多細胞生物と細胞群体の違い

　細胞群体は，単細胞生物のような細胞が緩やかにつながってできています。その様子はまるで1つの多細胞生物のようにも見えますが，多細胞生物と細胞群体には大きな違いがあるのです。

　そもそも多細胞生物というのは，それぞれの機能に分化したたくさんの細胞が，協調しながら1つの個体をつくっている生物。この「分化した細胞」というのが重要なポイントになります。細胞群体では個々の細胞は基本的に分化していません。同じ機能・形態の細胞が――しかも単細胞生物のようにふるまうことができる細胞が――ゆるやかに"集まっているだけ"なのです。

POINT

　オオヒゲマワリはクラミドモナスが多数集合したものではなく，クラミドモナスから進化した生物が集まってできたものです。パンドリナやユードリナでは細胞の分化が見られませんが，オオヒゲマワリでは，生殖細胞などの分化が生じている点に注意してください。体細胞生物へと変化する過程を反映していると考えられます。

4 細胞を構成する成分

水

■水の割合

　細胞を構成する物質の割合を比べると，細胞の種類によって多少の違いはありますが，水は最も多く，質量比は約70%に達します。

　細胞に最も多く含まれる水は，さまざまな物質を溶かす溶媒としてのはたらきや細胞内の温度変化を緩和するはたらきを持っています。

■水分子どうしの結合

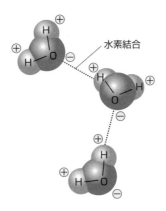

　水分子では，O原子がH原子より電子を強く引き付け，O側が負に，H側が正に帯電しています。このため，水分子が2個あると，一方のOと他方のHとが電気的に引き付けあい，弱い結合を生じます。これを水素結合（hydrogen bond）といいます。同じような電気的なかたよりは，NとHからできた結合にも見られます。

■水の役割

　1）水は，**比熱★**が大です．つまり，温まり難く，冷め難いという性質がありますから，気温など外界の温度環境が大きく変動しても，生物体の温度変化を緩和するという，恒常性の維持にとって大きな役割を水は果たしています。

　2）生物は，代謝を行うことで生命活動を営みますが，代謝に係る物質は，水に溶けた状態

biochemical words

★比熱

比熱を説明すると，1gの物質の温度を1℃あげるのに必要な熱量を，水を1としたときと比較した値のこと。水1gを1℃上昇させるのに必要な熱量を1calと決めているので熱量から単位のcalを取ったものと考えればよい。水の比熱は1。

で反応しますので，それらの反応物質を溶かす溶媒として大きな役割を水は果たしています。

構成する元素の違い

■ヒトのからだを構成する元素

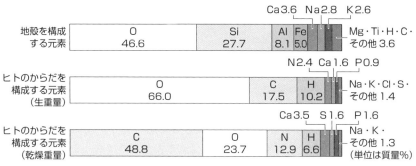

[出典] 桜井弘『生命元素事典』オーム社（2006）

　成人の体の約60〜70%は水でできていますから酸素は多くなります。元素数としては水素原子のほうが多いですが，酸素原子の質量は水素原子の約16倍もあるので，質量だけでいったら酸素のほうの割合が大きいことがわかります。

　次に人間の体から水分を抜いた質量の割合を見てみましょう。この時の重量を乾燥重量（水分も含まれているのは生重量）といいます。

　乾燥重量をみると，ほぼ人体の60〜70%を占めていた水分がなくなるので，酸素と水素の割合が一気に低下します。そうなると炭素が圧倒的な割合を占めることになります。これは，酸素や水素の割合が低いということではなく，脂質やタンパク質にはこれらが含まれているので他の元素よりも多くなっていると考えるのが妥当です。

■化学の基礎知識

　物質をつくる基本となる粒子を原子といいます。原子の中心には，1個の原子核があり，そのまわりを負の電荷をもつ電子（e^-）が回っています。物体が帯びた電気を電荷といいます。原子核は電荷をもたない中性子と，正の電荷をもつ陽子からなっており，電子の数と陽子の数は等しいです。また一般に，原子に含まれる陽子と中性子の数の和を質量数といいます。

■元素とは

　単体や化合物を構成している基本的な成分を元素といい，現在約110種類の元素が発見されています。元素は元素記号によってあらわされます。たとえば，水素はH，酸素はO，炭素はC，窒素はN，ナトリウムはNaなどです。

 Column

　原子を表す記号には「元素記号」が使われていて，各元素は，その原子が実際に存在することが確認されています。

　原子の大きさは非常に小さくて，直径は約100億分の1mです。1000万分の1mmでもあります。大きさを比べようがないくらい小さいということです。もちろん目に見える大きさではありません。

　すべての原子は，原子核とそのまわりを回っている電子とで成り立っています。原子核は，原子の中心にあり正（＋）の電気を帯びた陽子と電気を帯びていない中性子からできています。原子核のまわりにある負（－）の電気を帯びた粒子を電子といいます。1つの原子の中では，陽子の数と電子の数は同じなので原子全体では電気的に中性になっています。中性子の数は陽子の数とも電子の数とも関係はありません。

同位体と同素体

■同位体

　^{12}C，^{14}Cのように同じ種類の元素で中性子の数が異なるため質量数が異なる原子を互いに同位体（アイソトープ）であるといいます。同位体の中には，放射線を出して他の元素原子に変化するものがあります。これらを放射性同位体（ラジオアイソトープ）といいます。

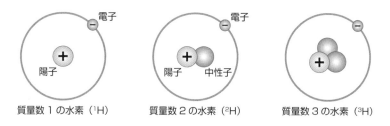

質量数1の水素 (¹H) 　 質量数2の水素 (²H) 　 質量数3の水素 (³H)

上の図は左側から，水素，重水素，三重水素を表しています。

このように水素には3つの同位体が存在しますが，1つ目の普通の水素は中性子0個，2つ目の重水素は中性子1個，3つ目の三重水素は中性子2個になります。多くの場合には三重水素（トリチウム）が水素の放射性同位体として扱われています。

■表記方法

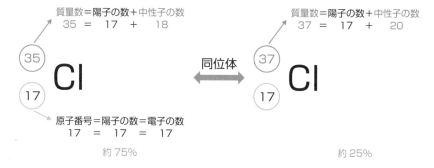

約75%　　　　　　　　　　　　　　　　約25%

■放射性同位体と安定同位体

放射能をもち放射線を放つ同位体を，特に放射性同位体（ラジオアイソトープ）といい，^3H，^{14}C，^{235}U などのことで，遺跡や化石の年代測定・医療などに利用されています。これに対し，放射線を出さない安定な同位体を安定同位体といい，^{15}N，^{18}O などがあります。

中でも ^{14}C はカルビン・ベンソン回路の発見につながった同位体です。^{15}N はメセルソン・スタールによる DNA の半保存的複製を示した実験に用いられました。^{18}O は，ルーベンによる，光合成で発生する酸素が H_2O 由来のものであって CO_2 由来のものではないことを示した実験に用いられています。

■同素体とは何？

　同じ元素からなる性質や構造の異なる単体が2種類以上存在するとき，これらを**同素体***であるといいます。例として次の4つの元素を記憶しておくとよいでしょう。

　　S……斜方硫黄・単斜硫黄・ゴム状硫黄

　　C……ダイヤモンド・フラーレン・グラファイト（黒鉛）

　　O……酸素・オゾン

　　P……赤リン・黄リン

POINT

　同位体とは「同じ元素のうち**中性子の数が異なるもの**」のことを指し，別名を「アイソトープ」と呼びます。同位体は通常，化学的性質がほとんど変わりません。

　同素体とは「同一かつ単一の元素から構成される物質のうち**物理的，化学的性質が異なるもの**」のことです。特に有名なものは硫黄・炭素・酸素・リンで「SCOP（スコップ）」と呼ばれています。

人体組成分

■人体を構成している元素組成

元素	重量（g）	体重に対する重量（%）
酸素	43,000	61
炭素	16,000	23
水素	7,000	10
窒素	1,800	2.6
カルシウム	1,000	1.4
リン	780	1.1
硫黄	140	0.20
カリウム	140	0.20
ナトリウム	100	0.14
塩素	95	0.12
マグネシウム	19	0.027

［出典］ICRP Publication 23, Report of the Task Group on Reference Man
(1974), p.327

前ページの表は，体重70kgのヒトの人体を構成している元素組成を調べたものです。

生重量の具体的な例です。H_2Oの占める割合が多いことから，重量としては酸素（O）が多いことがわかります。

■主な人体の構成元素

人の体を構成する元素のうち，1％を超えるもの（これを多量元素といいます）には，酸素（61％）炭素（23％）水素（10％）窒素（2.6％）カルシウム（1.4％）リン（1.1％）などがあって，それに続いて，硫黄，カリウム，ナトリウム，塩素，マグネシウムなどで人の体はできています。

■原核細胞と真核細胞の構成成分

生物の基本単位である細胞を構成する成分を分析すると，水が最も多く，次いでタンパク質，脂質，炭水化物や核酸，無機物が含まれています。

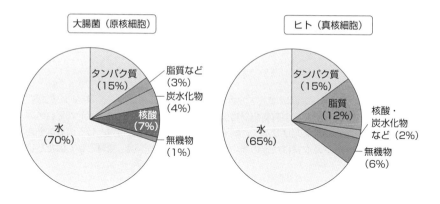

原核細胞や真核細胞の構成成分を分析すると水が最も多く，60％〜70％を占めます。水の次に多いのはタンパク質でヒトでは15％，大腸菌でも15％を占めます。タンパク質の次には脂質，炭水化物や核酸などの有機物が来ます。

それぞれの有機物は，細胞を形作るだけではなく，細胞の生命活動を支える物質として重要なはたらきを担っています。タンパク質は代謝の際の酵素などとして，核酸は遺伝物質として重要なはたらきをしています。

■細胞を構成する物質

物質	構成元素	特徴やはたらき
水	H, O	溶媒として，さまざまな物質を溶かし，物質の運搬や，化学反応の場となる。
タンパク質	C, H, O, N, S	アミノ酸が多数結合した高分子で，酵素，抗体，ホルモンなどの成分となる。
脂質	C, H, O, P	リン脂質や脂肪などがある。リン脂質は生体膜の成分に，脂肪はおもにエネルギー源となる。
糖質 （炭水化物）	C, H, O	単糖類，二糖類，多糖類がある。おもに，生命活動のエネルギーとなる。
核酸	C, H, O, N, P	塩基と糖にリン酸が結合したヌクレオチドが多数結合したもの。DNAとRNAがあり，DNAは遺伝子の本体で，RNAはタンパク質合成にはたらく。
無機塩類	Na, K, Cl, Ca, Mg など	多くは，水に溶けてイオンとして存在し，体液濃度やpHの調節をして，生体物質の成分となる。

POINT

　原核細胞や真核細胞の構成成分を分析すると，水が最も多く，次いでタンパク質，脂質，炭水化物，核酸などの有機物が含まれていることがわかります。それぞれの有機物は，細胞を形づくるだけでなく，細胞の生命活動を支える物質として重要な働きを担っている。タンパク質は代謝の際の酵素として，核酸は遺伝物質としてはたらいています。

■主な原子団（官能基）

名称	構造	特徴
ヒドロキシ基	-OH	ベンゼン環以外に結合している水素をヒドロキシ基で置換するとアルコールとよばれ，ベンゼン環の炭素の水素をヒドロキシ基で置換するとフェノールとよばれる。
アミノ基	$-NH_2$	アンモニアの水素1個を除いたもので，タンパク質を構成するアミノ酸にある官能基。親水性，塩基性を示す。

チオール基	-SH	補酵素 A にもあり，親水性で弱酸性で還元作用を もつ。金属と結合しやすい。
アルデヒド基	-CHO	グルコースなどの糖質に含まれ，還元力があり， 酸化されるとカルボキシ基となる。
カルボキシ基	-COOH	炭素にヒドロキシ基と酸素が結合し，この基をも つものをカルボン酸とよぶ。
アルキル基	$CH_3-(CH_2)_n-$	鎖状の飽和炭化水素の置換基で，脂肪酸などに含 まれる。一般的には [R] で表される。疎水性で メチル基，エチル基もその仲間である。

■糖類（sugar）

　糖類のうち，それ以上分解することができないものを単糖といいます。単糖には，グルコースやフルクトース，ガラクトースなどがあり，2分子の単糖が結合したマルトースやスクロースなどは二糖，3個以上の単糖が結合したアミロースやセルロースなどは多糖とよばれます。

　糖類は一般式 $C_m(H_2O)_n$ で表され，分子内に多数のヒドロキシ基 -OH をもつ化合物です。炭水化物（carbohydrate）は，グルコースなどの単糖を構成成分とする有機化合物の総称です。

■タンパク質の役割

　タンパク質は，細胞の原形質を構成する主成分であるとともに，酵素，ホルモン，抗体などとしてはたらく高分子化合物です。

■タンパク質の合成に関わる構造

1）リボソーム（ribosome）

　タンパク質を合成する過程で，mRNAの塩基配列をタンパク質のアミノ酸配列に変換する翻訳はリボソームで行われます。リボソームは大小2つのサブユニットからなり，小サブユニットにmRNAが付着し，大サブユニットではアミノ酸がペプチド結合してタンパク質ができます。

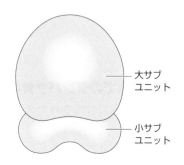

大サブ
ユニット

小サブ
ユニット

2）小胞体（endoplasmic reticulum）

　真核生物には，小胞体と呼ばれる袋

状の細胞小器官があり，これに結合しているリボソームもあります。このようなリボソームで合成されたタンパク質は，小胞体とゴルジ体のはたらきによって，細胞外に分泌されたり，細胞膜などの膜構造の成分になったりします。

3) ゴルジ体（Golgi body）

　ゴルジ体は，生体膜に囲まれた袋状の構造が，層状に重なった形をしています。ゴルジ体の重要な役割は，細胞内でつくられた物質を膜で包んで細胞外に分泌することです。そのためゴルジ体は分泌の盛んな細胞で発達しています。ヒトの場合，すい臓のランゲルハンス島のA細胞やB細胞，さらには外分泌細胞などではよく発達してゴルジ体を観察できます。

　物質を分泌するときは，ゴルジ体周辺部が膨らみ，それが切れて分泌小胞となり細胞膜まで輸送され，その内容物を細胞外へ分泌します。その他にゴルジ体では，糖鎖（糖がつながりあった化合物）がタンパク質に付加されるなどのタンパク質の修飾も行われます。

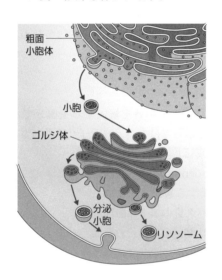

■細胞内でのタンパク質の移動

　細胞内で合成されたタンパク質は合成された段階で移動先が決まっています。

　細胞質基質に遊離したリボソームで合成されたタンパク質は，そのまま

細胞質基質ではたらく他，核，葉緑体，ミトコンドリアなどの細胞小器官へ輸送されます。一方，粗面小胞体上のリボソームで合成されたタンパク質は，小胞体内に取り込まれます。小胞体に取り込まれるタンパク質には，ゴルジ体で分泌小胞となり細胞膜へ運ばれ，細胞膜に組み込まれたり，細胞外へ分泌されたりします。

POINT

　粗面小胞体のリボソームでつくられたタンパク質は，**細胞外に分泌されるタンパク質**。

　細胞質基質のリボソームでつくられたタンパク質は，**細胞小器官に運ばれます**。そのとき輸送先を指示する**アミノ酸配列★**があってこれが目的の細胞小器官で認識されます。

★シグナル配列という。

■細胞内でのタンパク質の分解

　細胞内で生じた不要なタンパク質や細胞小器官は，自食作用によって分解されます。自食作用では，不要なタンパク質や細胞小器官はリン脂質からなる二重膜で包まれています。

　次に，この小胞とリソソームが融合して，リソソームに含まれていた分解酵素によって，小胞内のタンパク質がアミノ酸に分解され，分解によって生じたアミノ酸は，再び細胞内でのタンパク質合成に利用されます。

■脂質（lipid）の役割

　水に溶けず，有機溶媒（溶媒として用いられる常温で液体の有機化合物）に溶けやすい物質の総称を脂質といいます。脂肪酸とグリセリンからなり，細胞のエネルギー源となります。リンを含むリン脂質は生体膜の成分となります。

■無機物（inorganic）の役割

　生物の生育に不可欠な元素のうち，C，H，Oを除くものは無機物と呼ばれます。細胞内には，ナトリウム，カリウム，カルシウム，マグネシウム，鉄，亜鉛などの無機物が含まれます。無機物は主に水に溶けてイオンとなって存在し，細胞内の浸透圧の維持にはたらいています。

　また，カルシウム（Ca）やリン（P）が骨や歯の成分になっているように，無機物は生体を構成する成分となっている場合もあります。人体を構成す

る元素は，炭素，水素，酸素，窒素がその97%を占めています。

■細胞膜と物質の出入り

　体液の塩類濃度はNa⁺の濃度が高く，K⁺の濃度が低いです。一方，細胞内液ではK⁺の濃度が高く，Na⁺の濃度が低くなっています。細胞は体液を通して養分の吸収や老廃物の排出を行っていますが，細胞内液の組成が変化することはありません。細胞は細胞膜の働きによって体液とは異なる塩類濃度を維持しています（図1）。

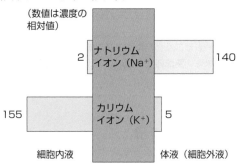

（数値は濃度の相対値）

	細胞内液	体液（細胞外液）
ナトリウムイオン（Na⁺）	2	140
カリウムイオン（K⁺）	155	5

図1　細胞内外のNa⁺濃度とK⁺濃度

　また細胞膜には，タンパク質で構成された**ナトリウムポンプ**（**sodium pump**）というしくみがあって，Na⁺を細胞外へ排出し，K⁺を細胞内に取り込むはたらきを行っています。これによって細胞内の塩類濃度を保っています。ナトリウムポンプによる物質の輸送は，濃度差に逆らった輸送でATPのエネルギーを必要とします。このような輸送を**能動輸送**（**active transport　図2A**）といいます。

　さらに細胞膜にはポンプ以外に特定のイオンを濃度の高いほうから低いほうに通過させる通路があります。この通路を**イオンチャネル**（**ion channels**）といい，特定のタンパク質からできています。イオンチャネルのように，エネルギーを使わずに特定の物質を輸送することを**受動輸送**（**passive transport　図2B**）といいます。

　ポンプやチャネルは，それぞれ通過できる物質が決まっています。そのため細胞膜は特定の物質を選択的に通過させる性質をもちます。この性質を**選択的透過性**（**selective transparency**）といいます。

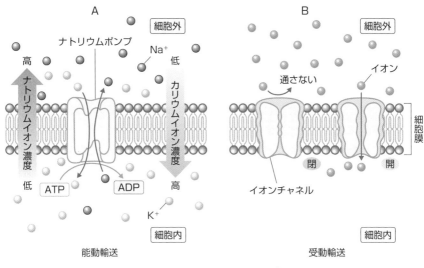

図2　ナトリウムポンプ

■エンドサイトーシス（endocytosis）とエキソサイトーシス（exocytosis）

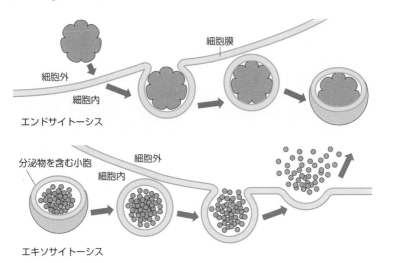

25

細胞膜のリン脂質二重層や膜タンパク質を通過できない大きな分子が細胞の内外を移動するときは，細胞膜の分離や融合を伴う輸送が行われます。細胞膜の一部が陥入して，外液ごと物質を取り込むはたらきをエンドサイトーシスといいます。エンドサイトーシスでは，細胞外の溶けている物質だけではなく，細胞膜の表面に結合した顆粒状の物質も取り込まれます。マクロファージの食作用によるウイルスや細菌の取り込みはこのエンドサイトーシスによるものです。

　逆に，細胞内の小胞が細胞膜と融合して細胞外に物質を放出することをエキソサイトーシスとよびます。消化酵素の分泌，ホルモンの分泌，神経伝達物質の分泌もエキソサイトーシスによります。

同化と異化

■高分子化合物の合成と分解

　タンパク質，糖質，脂質などを合成する反応を同化（**anabolism**），これらを低分子化合物に分解する反応を異化（**catabolism**）と呼びます。この両方を併せて代謝となります。また，これらの反応には普遍的に多くの細胞で行われている反応と，ある特定の臓器などで行われる反応があります。

■同化と異化

同化	生体成分を作り出す反応：アミノ酸→タンパク質 エネルギーを用いて無機物を取り込み，有機物をつくりさらに生体高分子へと合成する反応：CO_2 と H_2O からグルコースをつくる
異化	グルコース，脂肪，タンパク質を CO_2 や NH_3 に分解し，ATP を作り出す反応

■主な結合様式

名称	構造	特徴
ペプチド結合	-CONH-	アミノ酸どうしで，一方のアミノ基とカルボキシ基との間で水分子が取れ結合（脱水縮合）。アミノ酸が多数結合したものをポリペプチドとよぶ。
エーテル結合	-O-	炭素原子と炭素原子の間に酸素原子が入り，それぞれに共有結合した構造（R-O-R'）
エステル結合	-COO-	酸とアルコールの間で水分子が取れた結合。一般的にはカルボキシ基と OH 基。
ジスルフィド結合	-S-S-	2 つの SH 基によってつくられた結合。タンパク質のシステイン残基どうしの結合などに見られる。
ホスホジエステル結合	-O-P(=O)OH-O-	リン酸が 2 つの他の化合物とエステル結合をつくる。1 つのリン酸にある 2 個の OH 基が他のリン酸や OH 基をもつ他の分子と脱水縮合する。核酸などの骨格を形づくる強固な結合。
グリコシド結合	-O- (-N-) (-S-)	多糖などの糖の結合に見られる。糖のヒドロキシ基が脱水縮合してできた結合。相手が -OH なら O-グリコシド結合に，相手が -SH なら S-グリコシド結合となる。

5 代表的な動物細胞

さまざまな構造

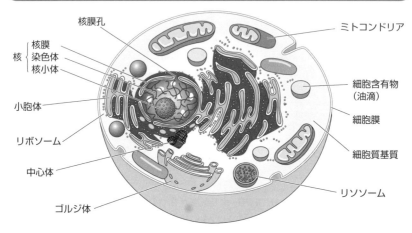

図1 代表的動物細胞

■ミトコンドリア（mitochondrion）の構造

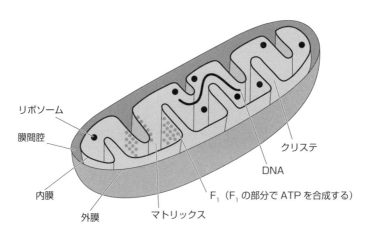

ミトコンドリアは外膜（outer membrane）と内膜（inner membrane）の二重膜構造をとる細胞小器官です。外膜と内膜の間は膜間腔（intermembrane space）が存在します。内部にはマトリックス（matrix：基質）があり，クエン酸回路の場となっています。このマトリックスには

DNA やリボソームが存在していて遺伝子発現にともなうタンパク質の合成が行われます。また，内膜が内側に陥入したところはクリステ（cristae）と呼ばれます。内膜では電子伝達系（electron transport chain）が行われます。

　ミトコンドリアは，細胞の生命活動に不可欠なエネルギー源であるATP を合成する細胞小器官です。生物の体の中で行われるほぼ全ての化学反応にはこの ATP が必要であるため，ミトコンドリアによって必要な量の ATP が合成されることは非常に重要となります。このような性質を持つため，ミトコンドリアはエネルギー消費量の大きな肝臓や筋肉に多く存在します。

■小胞体（endoplasmic reticulum）

　小胞体の働きは，リボソームで作られた未完成のタンパク質を，折り畳んだり糖鎖の修飾を行ったりすることで，完成形にすることです（ゴルジ体も同じような機能を持つため実際は協調して働きます）。小胞体にはリボソームが表面に多数付着したものとそうでないものがあり，前者を粗面小胞体（rough endoplasmic reticulum），後者を滑面小胞体（smooth-surfaced endoplasmic reticulum）と呼びます。

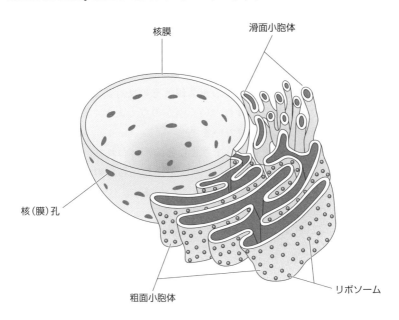

核膜

滑面小胞体

核（膜）孔

粗面小胞体

リボソーム

■ゴルジ体

　ゴルジ体（ゴルジ装置）は，扁平な袋状構造が複数重なったような構造をしています。ゴルジ体は粗面小胞体で作られたタンパク質を受け取り，そこへ糖鎖や脂質の修飾をすることで，糖タンパク質やリポタンパク質の合成を行うのが機能です。完成した糖タンパク質やリポタンパク質は，続いて細胞内外の必要な場所へと輸送・分泌されていきます。

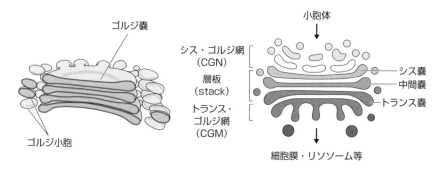

　ゴルジ体は小胞体と近接して存在することが多く，小胞体側の網目構造をシス・ゴルジ網（Cis Golgi Network；CGN），反対側の面の網目構造をトランス・ゴルジ網（Trans Golgi Network；TGN）と呼びます。ゴルジ体の成層部分も小胞体側からシス囊，中間囊，トランス囊の3つの部分に分類されます。

　ゴルジ体は，小胞体側にあたるシス側とその反対側であるトランス側とで，膜タンパク質の酵素活性などいくつかの点で大きく異なり，その果たす役割もかなり明確に分かれています。

　ゴルジ体ではタンパク質のさまざまな修飾が行われています。

　イタリアの生物学者のゴルジが1898年に発見したのでゴルジ体と呼ばれるようになりました。ゴルジ装置ともいいます。

●**カミッロ・ゴルジ**（Camillo Golgi, 1843-1926）

　ゴルジ体という奇妙な名前は，発見者のイタリア人病理学者カミッロ・ゴルジに由来しています。今から100年以上も前，パビア大学でゴルジは銀を用いて神経を黒く染める研究をしていました。その研究を進める中で，細胞の中に奇妙な形の小器官があることがわかったのです。1898年の発表以後長い間，間違って染色されたものだという意見も多く，広く認められたのは1950年代，電子顕微鏡の登場を待つことになります。

　以来ゴルジ体の研究は進展し，2008年には110周年記念のシンポジウムがイタリアのパビアで行われました。パビアにはゴルジという地名もあり，パビア大学には彼が受賞したノーベル賞の表彰状が飾られています。

タンパク質の修飾の種類

■タンパク質の修飾

1）糖鎖の付加

　小胞体から送られてきたタンパク質に糖鎖を付加します。付加は糖残基1つずつ行われ，2〜10個程度の付加が行われます。糖鎖の付加は，セクレチンのようにその機能を果たすため必要なものや，糖鎖を失うと正常な構造を維持できないものなどのものも存在しますが，多くの場合タンパク質の活性発現には重要ではありません。おそらく，タンパク質表面に糖鎖を付加することで親水性を高めるのが目的ではないかと考えられています。

2）脂質の付加

　特に小腸においては，脂質をタンパク質に付加し，リポタンパク質の形に変換します。他の細胞への脂質輸送を行う際に有用と考えられます。

■細胞小器官のつながり

　小胞体上のリボソームで合成されたタンパク質は，小胞体の小胞に入りゴルジ体へ移動します。ゴルジ体では，タンパク質は糖などの添加を受けたりするなどの修飾や濃縮が行われます。その後で，分泌小胞となって移動し，細胞膜に融合，開口し内容物を細胞外に放出します。この過程をエキソサイトーシスといいます。

　また，不要なタンパク質などは，リソソームに輸送されそこで分解されますが，アミノ酸は再びタンパク質合成に利用されます。

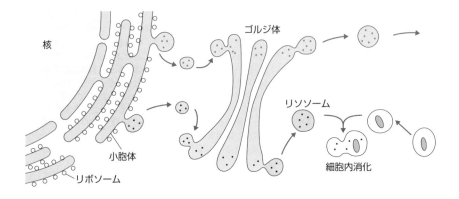

核

ゴルジ体

リソソーム

小胞体

リボソーム

細胞内消化

■**中心体（centrosome）**

　中心体は核の周辺にある粒状の構造で，1対の**中心小体（中心粒）**からなります。動物細胞では細胞骨格の微小管の形成起点となります。細胞分裂の際，複製された中心小体が，それぞれ核の近くから細胞の両極に分かれます。鞭毛・繊毛の形成にも関与します。植物の体細胞にはないが，コケ植物やシダ植物の精子でみられます。

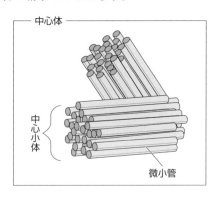

中心体

中心小体

微小管

6 細胞骨格

■細胞骨格 (cytoskeleton, CSK)

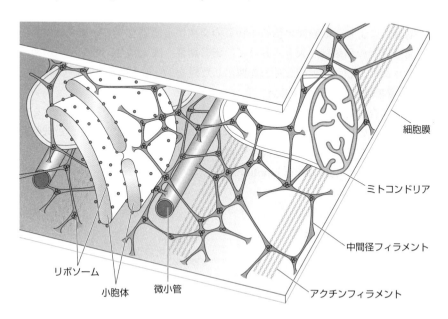

細胞膜

ミトコンドリア

中間径フィラメント

アクチンフィラメント

リボソーム

小胞体　微小管

　細胞が一定の形を保つことができたり，細胞分裂を起こしたり，細胞内で原形質流動を起こしたり，細胞小器官が特定の位置にあったりするのは，細胞骨格と呼ばれる繊維状のタンパク質のはたらきによるものです。

　主な細胞骨格には，**微小管**（microtubule），**中間径フィラメント**（intermediate filaments），**アクチンフィラメント**（actin filament）があります。微小管は鞭毛運動，細胞分裂時の染色体の移動，アクチンフィラメントは，原形質流動や筋収縮，細胞分裂時の細胞質分裂に関与しています。中間径フィラメントは細胞の形や核の形を保つのにも役立っています。

細胞接着に関わるタンパク質

　多細胞生物は，単に多くの細胞が集まったものではありません。分化した細胞が集まって組織をつくり，さらに器官を形成してまとまったはたらきを担っています。細胞は別の細胞とコラーゲンのようなタンパク質でできた細胞外の構造体と接着してはたらいています。

■細胞接着（cell adhesion）

　細胞どうし，または細胞と他の物質との結合を細胞接着といいます。細胞接着により，細胞間の情報や物質の交換が可能になっています。動物の細胞接着の種類は，大きく分けて，密着結合，固定結合，ギャップ結合があります。丸付き数字は，それを図示した図1, 2の各番号と対応しています。

1）密着結合（tight junction）①

　隣り合った細胞膜がタンパク質によって，切れ目なく密着する結合を密着結合といいます。隣り合う上皮細胞をつなぎ，さまざまな分子が細胞間を通過するのを防ぐ，細胞間結合の1つです。

2）固定結合（anchoring junction）②・③・⑤

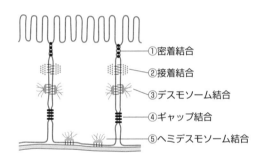

図1　各種の結合

　細胞の中にある細胞骨格につながったタンパク質どうしによる細胞の結合を固定結合といいます。機械的強度が高い結合で，筋肉や上皮によくみられます。代表的な固定結合には，**接着結合（②）**，デスモソーム（デスモゾーム，③），ヘミデスモソーム（ヘミデスモゾーム，⑤）などがあります。上の図の②，③，⑤がそれに相当します。

　細胞内のアクチンフィラメントに結合したカドヘリンが細胞外に伸び，隣の細胞からのカドヘリンと結合して細胞を結合させる領域を**接着結合**といいます。

　デスモソームは，円盤状の形をしたタンパク質と，細胞の外側に向かって細胞膜を貫通するタンパク質のカドヘリンから構成されています。円盤状のタンパク質は，細胞膜の内側にあって，ここから突き出すカドヘリンが隣の細胞のカドヘリンと結合しています。円盤状のタンパク質には中間径フィラメントのケラチンが結合しています。

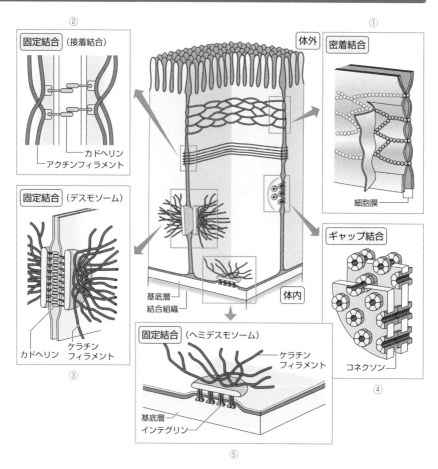

図2 結合の図解

　ヘミデスモソームは，結合タンパク質のインテグリンが，基底層に直接
結合しています。このような構造をヘミデスモソームといいます。

3）ギャップ結合（gap junction）④

　隣り合う上皮細胞をつなぎ，水溶性の小さいイオンや分子を通過させる
細胞間結合のことをいいます。並んだ2つの細胞の細胞膜には**コネクソン**
と呼ばれる中空の膜タンパク質複合体の末端が複数並んでおり，橋渡し構
造をなしています。このコネクソンがチャネルとなり，ここを通って無機

イオンや小さい水溶性分子が隣接細胞の細胞質から細胞質へと直接移動することができます。

タンパク質の構造と機能

Protein Structures and Functions

1 生命現象とタンパク質

タンパク質の働き

■生命現象とタンパク質 (biological phenomena and proteins)

タンパク質は，細胞やその周辺に多量に含まれている有機物で，さまざまな生命現象に関わるはたらきを担っています。酵素は化学反応を触媒し，代謝の多くに関わっています。チャネルやポンプは細胞膜を介した物質の輸送に，アクチンや微小管は細胞内の物質の輸送や細胞の運動，形態維持に関わっています。

また，受容体は細胞の間のシグナル伝達のはたらきを担っています。免疫グロブリンは異物を認識し，排除することで生体防御に関わっています。ホルモンは体内環境の維持に，さらに細胞接着にも多くのタンパク質が関わっています

さらに，遺伝子発現に関与するタンパク質も存在し，調節タンパク質として DNA の転写調節領域に結合して転写などの遺伝子発現に関与するなど，多種多様です。

■タンパク質の構造

タンパク質はアミノ酸が多数つらなった構造をしています。基本構造はアミノ酸が**ペプチド結合** (peptide bond) によって結びついたポリペプチドで，タンパク質の構造はどのようなアミノ酸がどのような配列で結合しているかによって決まります。

■タンパク質の検出

α-アミノ酸やタンパク質にニンヒドリン試薬を加えて加熱すると赤紫～青紫色になりますが，この反応を**ニンヒドリン反応**といいます。

またペプチド結合を 2 つ以上もつペプチドに水酸化ナトリウム水溶液，硫酸銅 (II) 水溶液を順に加えると赤紫色になります。この反応が**ビウレット反応**です。

チロシンやフェニルアラニンなどの芳香環（ベンゼン環など）をもつアミノ酸（タンパク質）に濃硝酸を加えると黄色※になり，そこにアンモニア水を加えると橙色になります。この反応を**キサントプロテイン反応**といいます。

※黄色になるのは芳香環がニトロ化されるため，橙色になるのは塩基により側鎖の電離状態が変化するためです。

2 アミノ酸

アミノ酸とは

■アミノ酸の基本構造（amino acid structure）

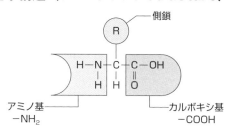

アミノ酸は，炭素原子（C）にアミノ基（$-NH_2$）とカルボキシ基（$-COOH$），水素原子（H）が結合し残り1カ所には**側鎖**（**side chain**，上図ではR）とよばれる分子群が結合しています。側鎖には，水を引き付ける性質（**親水性 hydrophilicity**）をもつものや反発する性質（**疎水性 hydrophobicity**）をもつもの，正や負の電荷をもつものなどがあり，さまざまな構造や化学的性質をもっています。

側鎖の違いによって，アミノ酸の性質が決まり，そしてどのようなアミノ酸が並んでいるかでタンパク質の形や性質が決まります。

カルボキシ基が付加された炭素をα炭素とよび，アミノ基もまたα炭素についているアミノ酸をα-アミノ酸★とよびます。タンパク質を構成する標準アミノ酸はすべてα-アミノ酸です。

最も単純なアミノ酸であるグリシンは側鎖Rが水素原子1個で，グリシン以外のアミノ酸はL体（L-アミノ酸）とD体（D-アミノ酸）という2つの立体異性体が存在します。これはα炭素が4つの異なる置換基をもっているためです。しかし，L体とD体のうちタンパク質の構成成分となるのはL体のみです。生物進化の過程でL体が選択されたことになりますが，その理由はわかっていません。

> **biochemical words**
>
> **★α-アミノ酸**
> $-NH_2$と$-CCOH$が同一の炭素原子に結合しているアミノ酸をα-**アミノ酸**という。2種の官能基の位置が離れるにしたがって，β-**アミノ酸**，γ-**アミノ酸**というように呼ばれる。

■アミノ酸の表記と性質

たとえば，メチオニン－セリン－ロイシン－バリン－トレオニンというアミノ酸配列の場合，3文字表記法では，Met－Ser－Leu－Val－Thr，1

文字表記法では，MSLVTと表します。ただし，Aから始まる名前が多い
ため，1文字表記でアラニンはA，アスパラギンはN，アスパラギン酸はD，
アルギニンはRで表します。先頭の文字で表すとだけ覚えておくと混乱し
ますから注意しましょう。

　表中の●は成人のヒトが合成できないアミノ酸（必須アミノ酸）です。
また，グリシンとシステインは疎水性に分類されることもあります。

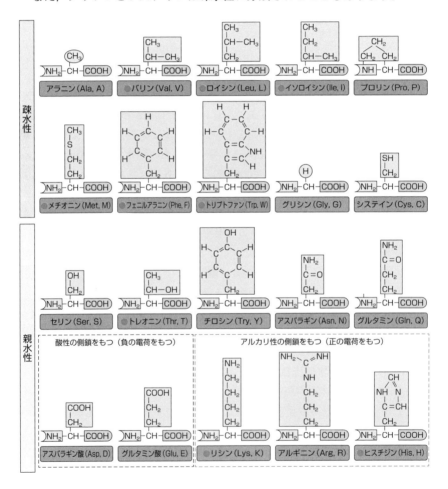

アミノ酸の両性

■アミノ酸の特性

まずアミノ酸は両性化合物であることを記憶しておきましょう。アミノ基の $-NH_2$ は塩基性を示し、カルボキシ基 $-COOH$ は酸性を示すのでアミノ酸は酸と塩基の両方の性質を示す両性化合物です。結晶中では、分子内で $-COOH$ が $-NH_2$ に水素イオンを与えて中和した構造になっています。そのためイオン化して陽イオン $-NH_3^+$ と陰イオン $-COO^-$ の両方が生じているので、これを双性イオン（両性イオン）（amphoteric ion）といいます。このためアミノ酸の結晶は、イオン結合のように比較的融点や分解温度が高く、水に溶けます。

グリシンのカルボキシ基の pK 値[*1] が 2.35、アミノ基の pK 値が 9.78 です。どの pH においてもグリシンがイオン化しているのがわかります。アミノ酸は水溶液中では常にイオン化していることになるのです。アミノ酸は酸でもあり塩基でもある両性電解質です。

グリシンに限らずカルボキシ基の pK が約2.2、アミノ基の pK が約 9.4 です。生理的条件下でのアミノ酸は、アミノ基とカルボキシ基がともにイオン化していることがわかります。この状態を両性イオンや双性イオンと呼びます。

■アミノ酸水溶液

アミノ酸の水溶液では、水素イオンの濃度に応じて酸性になったり、塩基性になったりする平衡関係にあります。つまり、酸性にすると $-COO^-$ が H^+ を受け取り $-COOH$ となり陽イオンになります。塩基性にすると $-NH_3^+$ が H^+ を放出して $-NH_2$ となり、陰イオンとなります。

■非極性アミノ酸（non-polar amino acids）

グリシンを含む9種類のアミノ酸は、非極性アミノ酸に分類されます。グリシン、アラニン、バリン、ロイシン、イソロイシン、メチオニン、トリプトファン、フェニルアラニン、プロリンです。

この中でグリシン、アラニン、バリン、ロイシン、イソロイシンはいず

---

biochemical words

[*1] **pK 値**
pK とは弱酸の強度を表わす。そのため、強酸であるほど pK 値は低い。酸の pK とは、共役酸と共役塩基の濃度が等しい時の pH のことである。例えば、酢酸の pK 値は 4.75 だが、酢酸水溶液の pH が 4.75 なら水溶液中に存在する CH_3COOH と CH_3COO^- の濃度が等しい（溶液中に存在する数が等しい）ことになる。

れもアルキル基鎖を側鎖としてもっています。**メチオニン**の側鎖には硫黄
原子が含まれ，チオエーテル結合が存在していますが，この硫黄原子は極
性★² をもたないので，その物理化学的性質はロ
イシンと似ています。

　トリプトファンと**フェニルアラニン**は芳香族
アミノ酸で，それぞれインドール基とフェニル
基を側鎖にもっています。フェニルアラニンは，
その名前から推定されるように，アラニンの側
鎖にさらにフェニル基が付加された構造をして
います。

　プロリンはアミノ基ではなくイミノ基をもつ
アミノ酸です。プロリンの特徴としては，立体
構造の自由度が他のアミノ酸より低いので，プ
ロリンの存在はタンパク質の立体構造に大きな
影響を与えます。

■ 極性無電荷アミノ酸
（polar uncharged amino acid）

　極性アミノ酸は 11 個あります。そのうち 6
種類は無電荷アミノ酸になります。セリン，トレオニン，システイン，チ
ロシン，アスパラギン，グルタミンの 6 個ですから記憶しておきましょう。

　セリンと**トレオニン**はアルキル性のヒドロキシ基をもっています。セリ
ンは，アラニンにヒドロキシ基が付加された形とみることができます。**チ
ロシン**はフェノール性のヒドロキシ基をもっており，フェニルアラニンに
ヒドロキシ基が付加された形とみることもできます。これらのヒドロキシ
基は，中性付近の pH でイオン化しないのですが，極性をもつので，アラ
ニンやフェニルアラニンに比べて遥かに親水的です。

　システインはメチオニンとともに硫黄原子をもっているアミノ酸です。
ただし，メチオニンは非極性アミノ酸でシステインは極性アミノ酸です。
システインの構造は，セリンと似ていて，ヒドロキシ基（-OH）がチオー
ル基（-SH）に変わっただけです。システインの特徴としては，酸化され
ると 2 つのチオール基がジスルフィド結合をすることです。

　アスパラギンと**グルタミン**は側鎖のカルボキシ基がアミド化された構造

biochemical words

★² 結合の極性
塩化水素 HCl 分子の共有電子
対は，塩素 Cl に引き寄せられ
ている。その結果，塩素 Cl 原
子はわずかにマイナスの電荷を
持つ。これをデルタマイナス
（$\delta-$）と表す。水素 H 原子の
ほうは，わずかにプラスの電荷
を持つ。これをデルタプラス
（$\delta+$）と表す。デルタ δ はギ
リシャ文字で，科学の世界では
「とても小さい」という意味を
表すときに使う文字である。こ
のように，**共有結合している 2
原子間に見られる電荷の偏りを
結合の極性**という。塩化水素
HCl のように極性がある分子を
極性分子という。しかし，水素
H_2 分子や塩素 Cl_2 分子のよう
に，2 つの同じ原子が共有結合
した分子では結合の極性は現れ
ない。これを無極性分子という。

をしていて，側鎖に電荷をもちません。

■極性電荷アミノ酸（charged polar amino acid）

残りの5種類のアミノ酸が側鎖に電荷をもっているアミノ酸で，リシン，アルギニン，ヒスチジン，アスパラギン酸，グルタミン酸です。

リシン，アルギニン，ヒスチジンは塩基性のアミノ酸で，このうちリシンとアルギニンは中性付近の pH でイオン化して正に帯電しています。ヒスチジンは少し複雑で，このアミノ酸の側鎖には窒素を含む五員環のイミダゾール環が存在し，この部分が正に荷電しうるのですが，イミダゾールは，弱塩基であり，酸解離定数（pKa）が7付近であるため，ヒスチジンの側鎖が電荷をもつかどうかは周辺環境に依存することになります。

一方，**アスパラギン酸，グルタミン酸**は酸性アミノ酸でどちらも側鎖にカルボキシ基を含んでいて，生理的条件で負に荷電しています。

■等電点（isoelectric point）とは？

アミノ酸分子中の正負の電荷が等しくなるとき，つまり電気的に中性の pH をそのアミノ酸の**等電点**といいます。この pH でアミノ酸に電圧をかけてもどちらの電極にも移動しません。

たとえば，アラニンの等電点は6.0，システインの等電点は5.1，グルタミン酸の等電点は3.2，リシンの等電点は9.7となっています。

$$H_3N^+ - \overset{\overset{\displaystyle R}{|}}{\underset{\underset{\displaystyle H}{|}}{C}} - COOH \quad \underset{H^+}{\overset{OH^-}{\rightleftharpoons}} \quad H_3N^+ - \overset{\overset{\displaystyle R}{|}}{\underset{\underset{\displaystyle H}{|}}{C}} - COO^- \quad \underset{H^+}{\overset{OH^-}{\rightleftharpoons}} \quad H_2N - \overset{\overset{\displaystyle R}{|}}{\underset{\underset{\displaystyle H}{|}}{C}} - COO^-$$

陽イオン　　　　　　　　　　双性イオン　　　　　　　　　陰イオン

酸性 ⟸―――――――（等電点）―――――――⟹ 塩基性

POINT

水溶液中でアミノ酸分子内の正と負の電荷がつり合い，全体として0になるときのpH の値を等電点とよびます。

等電点は塩基性のアミノ酸であるヒスチジン，リシン，アルギニンは7.0 より大きな値となります。一方，酸性アミノ酸であるアスパラギン酸やグルタミン酸では等電点は酸性側の 2.77～3.22 となります。

アミノ酸の結合

■ペプチド結合（peptide bond）

　1つのアミノ酸のカルボキシ基 -COOH と別のアミノ酸のアミノ基 -NH$_2$ から水分子がとれて生じるアミド結合 -CO-NH- を，特にペプチド結合とよびます。2個のアミノ酸が縮合したものをジペプチド，3個のアミノ酸が縮合したものをトリペプチド，多数のアミノ酸が縮合したものをポリペプチドとよびます。

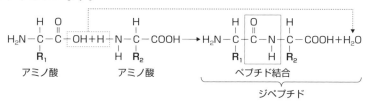

　タンパク質は，1本または複数のポリペプチド鎖でできています。ポリペプチドの一方の末端にはアミノ基，他方にはカルボキシ基が結合せずに残っています。

　タンパク質はアミノ末端（N末端）→カルボキシ末端（C末端）の方向に順番につながっていくことでつくられます。そこでN末端とC末端はそれぞれタンパク質合成の開始点と終結点とみなすことができます。

　タンパク質のアミノ酸配列を表記する場合はN末端→C末端方向に書き進める決まりになっています。

POINT　化学結合の一覧

【原子レベルで働く引力】
共有結合　…　非金属原子どうしをつなぐ結合。1：1で電子を共有する
配位結合　…　2：0で電子を共有する。共有結合とは仕組みが違うだけ
イオン結合…　金属原子と非金属原子どうしをつなぐ結合。例外：アンモニウムイオン
金属結合　…　金属原子どうしをつなぐ結合

【分子レベルで働く引力（分子間力）】
ファンデルワールス結合　…　すべての分子に働く弱い引力
極性引力　…　極性分子どうしに働く引力
水素結合　…　F，O，N と直接結合した H を含む分子どうし働く引力
なお，クーロン力（静電気力）とは，結合の名称ではなく，結合の原因となる力の一種のことです。

Column グルタミン酸

うま味成分というのを聞いたことがあるかと思います。このうま味成分が**グルタミン酸**であることが発見されたのは 1907 年のことでした。コンブのグルタミン酸から発見されたのですが，チーズ，トマト，白菜などにも含まれています。母乳の中に最も多く含まれているアミノ酸がグルタミン酸です。ただし，うま味があるのは L–グルタミン酸だけで，D–グルタミン酸にはありません。

■一次構造（**primary structure**）

ポリペプチド鎖を構成するアミノ酸の配列は，タンパク質の最も基本的な構造で一次構造と呼ばれます。タンパク質は基本的には熱に不安定で変性し，機能を果たせなくなる（失活）ことが生じます。これはタンパク質の立体構造が変化することで起こる現象ですが，一次構造は変化しません。

further study

タンパク質をつくるアミノ酸は 20 種類あるので，アミノ酸 n 個のポリペプチドの場合，可能なアミノ酸配列は 20^n 通りもあります。このことから，タンパク質の種類が膨大で，遺伝子の本体がよくわからなかった 20 世紀前半までは，遺伝子は DNA という考えよりは多様な種類をもつタンパク質であるという考え方が主流でした。

POINT

化学結合の強さの比較

共有結合（配位結合） > イオン結合 > 金属結合 >> 分子間力

分子間力の中では

水素結合 > 極性引力 > ファンデルワールス結合

となります。

ファンデルワールス力（van der Waals force）は原子，イオン，分子の間に働く力（分子間力）の一種です。ファンデルワールス力によって分子間に形成される結合を，ファンデルワールス結合と言います。

3 タンパク質の立体構造 (three-dimensional [3D] protein structure)

立体構造

　タンパク質は，一次構造を基本にして，複雑な立体構造をとります。この立体構造には二次構造，三次構造，四次構造などがあります。

■二次構造 (secondary structure)

　タンパク質ではポリペプチド鎖が部分的に特徴的な立体構造をつくっています。1本のポリペプチドのさまざまな部分が互いに結びつくことによってつくられます。

　ポリペプチド鎖の分子中に**水素結合**★¹ ができ，らせん状になった構造を α ヘリックス（α-helix）といいます。α ヘリックスは，タンパク質の主鎖が右巻きらせんを巻いた構造です。ここでらせんは約 3.6 アミノ酸残基★² ごとに 1 回転している構造をとります。

　またポリペプチド鎖がジグザグに折れ曲がったシート状の構造を β シート（β-sheet）といいます。β シートは，伸びた主鎖を有するポリペプチド鎖が数本集まって平らなシート状の構造をとったものです。

　α ヘリックスや β シートのようなポリペプチド鎖中の水素結合による規則的な立体構造を二次構造と呼びます。α ヘリックスと β シートの形成にはタンパク質の主鎖のみが関与しますから，この構造はアミノ酸配列にあまり依存することなくつくられます。

biochemical words

★¹水素結合 (hydrogen bond)

極性分子中の正の電荷を帯びた水素原子が，負の電荷を帯びた他の分子の陰性原子（F, O, N）との間で静電気的に引き合う結合を水素結合という。

水素結合は共有結合，イオン結合，金属結合に比べるとずっと弱い結合だが，ファンデルワールス力による引力よりは強いことを知っておきたい。

★²アミノ酸残基

アミノ酸残基というのが，タンパク質の分野で出現する。タンパク質を構成するアミノ酸に着目すると，脱水縮合をしているので，その部分は正確にはアミノ酸と言えない。そこでタンパク質中の「アミノ酸」のことをアミノ酸残基と呼ぶ。

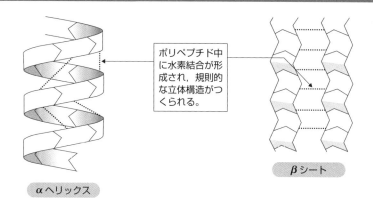

ポリペプチド中に水素結合が形成され，規則的な立体構造がつくられる。

αヘリックス

βシート

■三次構造（tertiary structure）

　部分的に二次構造をもちながら，さらに折りたたまれた分子全体の構造は三次構造とよばれます。タンパク質の立体構造は，タンパク質を構成するアミノ酸どうしの相互作用によって安定化されます。システインの側鎖の間につくられる結合（S-S 結合[3]）などにより安定化されることもあります。二次構造はタンパク質の局所的フォールディングで，三次構造はタンパク質全体のフォールディングと考えることができます。

biochemical words

[3]S-S 結合

システイン間の側鎖の SH 基の水素がとれて硫黄（S）どうしの結合を S-S 結合（ジスルフィド結合）という。

　三次構造は，溶液中の pH や塩濃度，温度などに依存して決定されます。

■四次構造（quaternary structure）

　タンパク質には，いくつかのポリペプチド鎖が立体的に組み合わさった四次構造をつくるものがあります。赤血球に含まれるヘモグロビンは，2種類のポリペプチドが2個ずつ集まって，合計4個からなる球状の四次構造をつくります。インスリンもポリペプチドを2本もつので，四次構造をとることができます。

　ただし，四次構造はすべてのタンパク質にあるものではなく，複数のポリペプチド鎖をもつタンパク質に限ります。よって，ヘモグロビンには見られますが，ポリペプチド鎖を1本しかもたないミオグロビンには見られません。

■タンパク質のフォールディング（folding）

　タンパク質は固有の一次構造をもち，その一次構造に基づいて固有の立体構造をつくります。この特有の立体構造を形成することをフォールディングと呼びます。細胞内には，正しくフォールディングをするのを助けるタンパク質が存在します。このタンパク質はシャペロン（chaperone）と総称されます。

タンパク質の変性

■変性（unfolding）とシャペロン

　多くのタンパク質は 55〜60℃以上に加熱するとその働きが失われてしまいます。これは，熱によって水素結合などが切断され，立体構造が壊れてしまうからです。これを変性と言いますが，変性は熱だけでなく酸やアルカリによっても起こります。

　細胞内には数種類のシャペロンが存在していて，タンパク質のフォールディングを助けるものや，変性したタンパク質を正常なタンパク質に回復させたり，古くなったタンパク質の分解を手助けする働きをします。

■アンフィンセンのドグマ（Anfinsen's dogma）

　タンパク質はリボソームで合成された後，タンパク質の種類ごとに特定の立体構造に折りたたまれて機能を獲得します。タンパク質を構成する多数の C–C 結合や C–N 結合などはさまざまな回転角をとりうるので，アミノ酸数が 200 個程度であるタンパク質であっても，天文学的数の組合せが存在することになりますが，生体内ではその中から 1 種類のみを選択します。

アンフィンセン

　アンフィンセン（Christian Boehmer Anfinsen, 1916-1995）は，「タンパク質の立体構造に関する情報は，タンパク質のアミノ酸配列の中に存在していて，自発的に進行する。無数の立体構造の中で熱力学的に最も安定な状態へと収束する」という考えを提唱しました。これがアンフィンセンのドグマと呼ばれるものです。

■アンフィンセンの実験

次の図1の(a)はウシのすい臓から分泌されるリボヌクレアーゼの三次構造を表しています。リボヌクレアーゼは RNA を加水分解する消化酵素で，124個のアミノ酸からなる1本のポリペプチド鎖が折りたたまれてできています。

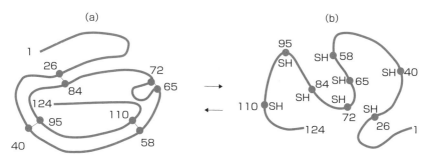

図1　リボヌクレアーゼのシステインの位置と S-S 結合

アンフィンセンは，このリボヌクレアーゼを尿素とメルカプトエタノールで処理すると，図1の(b)のように完全にほどけてランダムコイルと呼ばれる1本のポリペプチド鎖を生じ，酵素活性が失われることを発見しました。リボヌクレアーゼは4ヶ所にある S-S 結合によって架橋されていますが，メルカプトエタノール処理により S-S 結合が切れ，尿素により立体構造やらせん構造が失われて酵素タンパクはランダムコイルになります。

ところが，尿素とメルカプトエタノールを除く実験を行うと，ランダムコイルは図1(a)と同じ三次構造に折りたたまれて，ほぼ100%酵素活性を取りもどすのです。一方，還元したリボヌクレアーゼを尿素の中で酸化して S-S 結合が形成されてから尿素を除くと，大部分の SH 基が誤った相手と S-S 結合を形成するために，得られたリボヌクレアーゼの酵素活性は本来のものの1%しかありません。図中の数字は124個のアミノ酸のうち，SH 基を側鎖にもつアミノ酸の配置を示しています。また，図1(a)の●—●は S-S 結合を表しています。

リボヌクレアーゼには8つのシステイン残基が存在するので，図1(b)の26，40，58，65，72，84，95，110番目の位置にあるシステインがどこか2か所ずつでジスルフィド結合が起こります。その組み合わせは，$_8C_2 \times$

$_6C_2 \times _4C_2 \times _2C_2 \div 4！= 105$ 通りとなりますが，タンパク質を変性状態で酸化するとジスルフィド結合はランダムに形成されてしまうために酵素活性がほとんど回復しないと考えられます。

たとえば，26 番目の SH は 84 番目の SH と，40 番目の SH は 95 番目の SH と，58 番目の SH は 110 番目の SH と，そして 65 番目の SH は 72 番目の SH とそれぞれ結合しないと，酵素活性の回復が起こらないのです。

POINT
リボヌクレアーゼの活性獲得

ランダムコイルの状態から活性型のリボヌクレアーゼが再生されるとき，複数の S-S 結合の組み合わせが可能なのに，実際には 1 通りの組み合わせしかできません。この結果はポリペプチド鎖がランダムコイルの状態から特有の立体構造に折りたたまれた後に，近傍の SH 基の間で S-S 結合ができると考えれば説明できます。

4 タンパク質の種類 (type of protein)

働きごとに違うタンパク質

■支持にはたらくタンパク質

細胞骨格を形成する中間径フィラメントは，ケラチンなどのタンパク質からなり，組織固有の形を維持します。また皮膚や骨ではコラーゲン，血液凝固ではフィブリンなどがはたらきます。

■触媒としてはたらくタンパク質

酵素は生体内ではたらく生体触媒であり，タンパク質を主成分にしています。ペプシン，トリプシン，アミラーゼ，リパーゼ，DNA ポリメラーゼ，ATP 合成酵素などがあります。

■運動にはたらくタンパク質

アクチンフィラメントがミオシンフィラメントの間に滑りこんで筋肉が収縮します。

■輸送にはたらくタンパク質

赤血球中のヘモグロビンは酸素と結合し，組織に酸素を運搬します。また，受動輸送を行う**チャネル**（channel）や能動輸送を行う**ポンプ**（pump）などがあります。

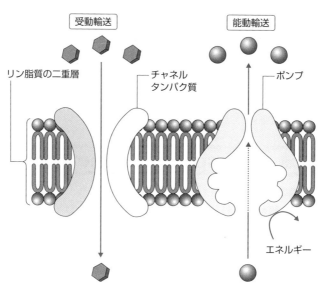

受動輸送　　能動輸送

リン脂質の二重層　　チャネルタンパク質　　ポンプ

エネルギー

イオンはチャネルというタンパク質を介して高濃度側から低濃度側へ拡散によって移動する**受動輸送**を行います。イオンを透過させるチャネルは，イオンチャネルと総称され，イオンの種類によって，イオンチャネルの種類も決まっています。

イオンチャネルには，電位依存性イオンチャネル（voltage-dependent ion channel)★1 とリガンド★2 依存性イオンチャネル（ligand-dependent ion channel）があります。

biochemical words

★1 電位依存性イオンチャネル（voltage-dependent ion channel)
膜電位の変化によって開閉が制御されるチャネルを電位依存性チャネルという。

★2 リガンド
細胞内や細胞膜に存在し，特定の情報を受け取るタンパク質でできた構造体を受容体といい，受容体に特異的に結合する分子をリガンドという。

further study

電位依存性イオンチャネル（voltage-dependent ion channel）

ニューロンが刺激されて一定の大きさの脱分極が起こると，その影響で瞬間的に膜電位が変化します。このような膜電位の変化を活動電位と呼びます。膜電位が静止電位から正の方向に変化することを脱分極，負の方向に変化することを過分極といいます。活動電位の発生に伴って移動する Na^+ や K^+ は非常に少なく，その濃度はほとんど変化しません。

リガンド依存性イオンチャネル
（ligand-dependent ion channel）

リガンドとは受容体に特異的に結合する分子をいい，たとえば神経伝達物質のような，受容体に特異的に結合する物質のことを指します。

シナプスにある受容体の多くが，リガンドと結合することでイオンを通すように変化する，リガンド依存性イオンチャネルです。

輸送方法（transportation method）

■ポンプ（pump）

細胞膜は，細胞内と外界を完全に仕切っているわけではなく，特定の物質を透過させる性質をもっています。これが選択的透過性です。選択的透過性には，濃度勾配にしたがって物質を輸送する受動輸送と，エネルギーを用いて濃度勾配に逆らって物質を輸送する能動輸送がかかわっています。

　受動輸送には，特定のイオンのみを通過させるタンパク質でできたイオンチャネルや，水分子のみを通過させるアクアポリンなどがかかわっています。また，タンパク質のうち，アミノ酸や糖など低分子の物質と結合すると，構造が変化してそれらの物質を膜の反対側へ輸送するものを輸送体といいます。

　一方，能動輸送の代表例は，**ナトリウムポンプ**という構造です。ナトリウムイオン濃度は赤血球内よりも血漿中の方が高く，カリウムイオン濃度は血漿中よりも赤血球内の方が高い。これは，エネルギーを用いてナトリウムイオンを細胞外へ，カリウムイオンを細胞内へ輸送しているからです。

　ナトリウムポンプの実体は **Na^+/K^+-ATP アーゼ**（Na^+/K^+-ATPase）であり，2種のサブユニットからなる細胞の膜輸送系の膜貫通タンパク質です。名称にアーゼがついていることから，酵素です。この酵素は，細胞内でのATPの加水分解と共役して細胞内からナトリウムイオンを汲み出し，カリウムイオンを取り込むはたらきを行います。ヒトの全ての細胞で見られる共通のタンパク質です。

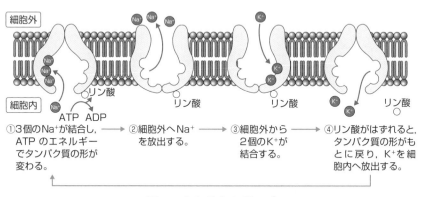

図1　ナトリウムポンプ

　動物細胞の細胞膜には，この Na^+/K^+-ATP アーゼとよばれる輸送タンパク質があります。この輸送タンパク質には，ATP分解酵素活性があり，ATPのエネルギーを利用して Na^+ を細胞外に排出し，K^+ を細胞内に取り込むはたらきを行っているのです。その結果，細胞内外では Na^+ と K^+ の濃度差が生じます。この**能動輸送**のしくみは，ナトリウムポンプと呼ばれ

ます。

　ナトリウムポンプは非常に重要ですので，そのしくみを理解することが
大事です（前ページの図1を参照）。①3個のNa^+が輸送タンパク質に結
合します。ATPのエネルギーで輸送タンパク質の立体構造が変化します。
②その結果Na^+が細胞外に放出します。

　③次に細胞外のK^+が輸送タンパク質に結合します。④輸送タンパク質
からリン酸がはずれるともとの状態にもどり，K^+を細胞内に放出します。

POINT

受動輸送と能動輸送

　チャネルは濃度勾配に従う受動輸送，ポンプは濃度勾配に逆らう能動輸送で，エネ
ルギーを必要とする輸送です。チャネルもポンプもタンパク質からできています。

スコウ

　Na^+/K^+-ATPアーゼは1957年に，イェ
ンス・スコウ（Jens Christian Skou, 1918-
2018）がデンマークのオーフス大学の生理学
部助教授として勤務していた時期に発見しま
した。1997年に，彼はナトリウム－カリウ
ムポンプの発見の功績によりポール・ボイ
ヤー，ジョン・E・ウォーカーと共に，ノー
ベル化学賞を受賞しています。

　受動輸送と能動輸送の違いをまとめると次
のようになります。

	受動輸送	能動輸送
物質の移動する方向	物質は，濃度勾配に従って，濃度の高い側から低い側へ移動する。	物質は，濃度勾配に逆らって，濃度の低い側から高い側へ移動する。
エネルギーの使用	エネルギーを使わない。	ATP のエネルギーを使う。
物質が通過する場所と通過するしくみ	★単純拡散 O_2 や CO_2 などの極性のない小さな分子や脂溶性の分子は，リン脂質のすき間を抜けたり，リン脂質に溶けたりして拡散する。 ★チャネル チャネルの開閉に関与する刺激によってチャネルが開くと，特定のイオンが濃度勾配に従って移動する。 —— イオン ★担体（輸送体） 担体がアミノ酸や糖など輸送される物質と結合すると，単体の構造が変化して，膜の反対側へ物質を輸送する。 アミノ酸や糖　構造が変化	★ポンプ Na^+ や K^+ は，ポンプによって ATP のエネルギーを用いて濃度勾配に逆らって輸送される。 〈ナトリウムポンプ〉 細胞内の Na^+ がナトリウムポンプに結合すると，ATP のエネルギーでポンプの立体構造が変わり Na^+ は細胞外へ排出される。一方，細胞外の K^+ がポンプに結合すると，ポンプはもとの構造に戻り，K^+ を細胞内に取り込む。 細胞外 細胞内 Na^+ 　K^+ ナトリウムポンプ ATP ADP Na^+ 細胞外 　K^+ 細胞内

生体防御

■生体防御（biological defense）にはたらくタンパク質

タンパク質の特定の構造が，病原体やがん細胞などの自己以外のものを識別してからだを守ります。さまざまな情報伝達により各種の免疫応答が進行します。

1）サイトカイン（cytokine）

免疫細胞などが合成・分泌し，受容体と結合することにより，細胞の機能発現，増殖，分化，細胞死などさまざまな免疫応答に情報伝達物質として作用するタンパク質を総称してサイトカインといいます。

ホルモンも重要な細胞シグナリング分子ですが，サイトカインは一般にホルモンとは異なります。ホルモンは特定の臓器の内分泌腺より血中に分泌され，比較的一定の範囲の濃度に保たれます。

サイトカインは健康・病気いずれの状態においても重要であり，感染への宿主応答，免疫応答，炎症，外傷，敗血症，がん，生殖における重要性があげられます。

1974年，スタンリー・コーエン（Stanley Cohen, 1922-2020）らはウイルスの感染した線維芽細胞がMIF★を産生することを発

コーエン

表し，この蛋白の産生が免疫系細胞に限定されないことを示しました。ここからコーエンは「サイトカイン」の語を提唱しました。

biochemical words

*MIF

マクロファージ遊走抑制因子とよばれる物質で，遅延型アレルギー反応など免疫応答に密接に関与している。

2）自然免疫に関与するタンパク質

代表的なものにパターン認識受容体（pattern recognition receptor）があります。この例としてはToll様受容体（TLR：Toll-like receptor）があります。ヒトのToll様は細胞膜表面や細胞内の小胞に10種類あり，その他にもパターン認識受容体があります。

3）適応免疫に関与するタンパク質

これには，抗原受容体とよばれるものがあり，B細胞受容体（B cell

receptor）や T 細胞受容体（T cell receptor）があります。さらに T 細胞
受容体は MHC 分子というタンパク質に載せられたタンパク質断片と結合
します。

 Column ワクチン

古くから，伝染病の一種である牛痘（天然痘に似たウシの感染症）
にかかったことのあるヒトは天然痘にかからないということが知られ
ていました。イギリスのジェンナー（Edward Jenner, 1749-1823）は
「牛痘のウシから採った膿には天然痘の原因となる物質が含まれてい
て，これを接種したヒトの体にはその病原体に対する抗体ができる」
と考えてワクチンの開発を行いました。弱毒化した病原体をワクチン
と呼びます。

5 抗体

免疫グロブリン（immunoglobulin）

■抗体の多様性（antibody diversity）

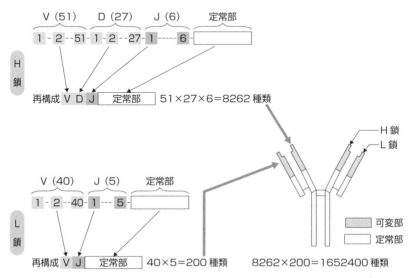

※L鎖の遺伝子として40個のV，5個のJという遺伝子の断片がある。

　B細胞受容体や抗体は免疫グロブリンというタンパク質からできています。ヒトの遺伝子の数は約2万2,000ですが，それに応対する抗原の種類は数万〜数十万種とも考えられています。

　「どのようにして数少ない遺伝子から，これだけ多くの抗体をつくるのか」を解明したのが，利根川進（1930-）です。彼は，1971年スイスのバーゼル免疫学研究所主任研究員のとき，当時はまだ遺伝子DNAの構成は不変と考えられていましたが，免疫グロブリン遺伝子ではDNAが自ら構成の再構成を行う機構を明らかにし，染色体の構造が変わることを示しました。1987年「抗体の多様性生成の遺伝的原理」の発見で，日本人初のノーベル生理学・医学賞を受賞しました。

利根川　進

そのしくみは，抗体の可変部は，抗体の種類によってアミノ酸配列が異なります。可変部は，H鎖，L鎖それぞれ100個程度のアミノ酸からなりそのアミノ酸配列の違いにより，多種多様な抗原に対応した抗体ができます。アミノ酸配列は遺伝子によって決まるので，抗体が多様であることは，可変部のアミノ酸配列を決める遺伝子が多様であることを示します。

このアミノ酸配列を指定する遺伝子は複数の部分に分かれて存在し，リンパ球の分化に伴って再構成（再編成）されます。たとえば，ヒトではH鎖の可変部の遺伝子には51個のV，27個のD，6個のJという遺伝子断片があります。

この中からV，D，Jそれぞれについて断片が任意に選ばれて組み合わされる結果，$51 \times 27 \times 6 = 8262$ 通りの組合せができます。

L鎖の可変部についても $40 \times 5 = 200$ 通り。

H鎖のL鎖の組合せは任意なので，$8262 \times 200 = 1,652,400$ 通りの抗体産生が可能となります。

このようにして，多くの抗原に対応できる抗体を産生できることになります。

POINT

パターン認識受容体によって，広範な病原体が認識されて自然免疫応答が生じます。また，B細胞受容体とT細胞受容体によって，特異的に適応免疫応答が生じる。これらの免疫応答には，情報伝達物質として各種の**サイトカイン**[★1]がはたらきます。

biochemical words

[★1] サイトカイン
サイトカインは主にタンパク質からできていて，細胞同士の情報を伝達し，免疫細胞を活性化させたり抑制したりするはたらきを持っており，免疫機能のバランスを保つための重要な役割を担っている。

ホルモン（hormone）

■調節にはたらくタンパク質（regulatory proteins）

ホルモンにはタンパク質でできたものがあります。グルカゴンやインスリンなどは血糖量の調節にはたらきます。

たとえば，**レプチン**というペプチドホルモンを考えてみましょう。人や動物は，食べ過ぎると脂肪が増えて肥満します。レプチンは脂肪細胞から放出されるホルモンで，**脳内の摂食中枢に作用して強力に摂食行動を抑制します**。脂肪が増えるにしたがってレプチンの放出量が増えるため，レプ

チンは適正な体重の維持に働いていると考えられています。

　レプチンは，遺伝性肥満マウスの病因遺伝子の研究で発見された肥満遺伝子に由来するホルモンで，脂肪細胞より分泌され，主に視床下部の受容体を介して強力な摂食抑制やエネルギー消費亢進をもたらすことにより，その作用不足は肥満症の成因に重要な役割を有すると考えられています。

■肥満に関する研究

　肥満状態の人の摂食は必ずしも抑制されていません。その理由は，レプチンが効きにくくなる，「レプチン抵抗性」と呼ばれる現象が起こるからです。

　基礎生物学研究所・統合神経生物学研究部門の野田昌晴教授と新谷隆史准教授らは，PTPRJ★2という酵素分子がレプチンの受容体の活性化を抑制していることを発見しました。肥満にともなって摂食中枢でPTPRJの発現が増えること，そのためにレプチンが効きにくくなり，これがレプチン抵抗性の要因となっていることを明らかにしました。

biochemical words

★2PTPRJ
RPTP という酵素の I 種で，タンパク質のチロシンについたリン酸を外す（つまり脱リン酸化する）酵素で細胞表面に存在している。

　PTPRJ がインスリンの働きを抑制していることを明らかにしていました。PTPRJ の働きを抑制する薬剤は，インスリンとレプチンの働きを良くすることで，糖尿病とともに肥満を改善することができると考えられます。

■情報伝達にはたらくタンパク質
（signal transduction proteins）

　多細胞生物のヒトでは，細胞間で情報を伝達し，体内環境を一定に保つようにはたらく G タンパク質★3共役型受容体（GPCR）などがあります。

　G タンパク質共役型受容体（G protein-coupled receptor） は細胞外の情報を細胞内に伝えるタンパク質で多くの生物が持っています。

biochemical words

★3G タンパク質
G タンパク質は GTP アーゼに属する，グアニンヌクレオチド結合タンパク質の略称。GTP または GDP を結合して，細胞内情報伝達に関与する。

　ヒトでは 800 種以上の G タンパク質共役型受容体が見つかっており，その半数は感覚（嗅覚，味覚，視覚，フェロモン）に対する受容体です。

　G タンパク質共役型受容体とは真核細胞の細胞質膜上や，細胞内部の構成

60

膜上に存在する受容体の一種。**G タンパク質共役型受容体は別名 7 回膜貫通型受容体と言われるように，7 つの α ヘリックス構造が細胞膜を貫通し，N 末端は細胞外に C 末端領域は細胞内に位置します。**細胞外からの様々なシグナル（神経伝達物質，ホルモン，化学物質，光等）を受容すると，G タンパク質共役型受容体は構造変化を起こし，細胞質側に結合している三量体 G タンパク質に対してグアニンヌクレオチド交換因子（GEF）としてはたらきます。GDP 型から GTP 型へと変換された G タンパク質は，つづいて効果器の活性を変化させることで，細胞外シグナルが細胞内へと伝達されます。現在使用されている薬剤のおよそ 40% が G タンパク質共役型受容体を標的としており，G タンパク質共役型受容体の機構解明に大きく貢献したブライアン・コビルカ（Brian Kent Kobilka, 1955-）とロバート・レフコウィッツ（Robert Joseph Lefkowitz, 1943-）が 2012 年にノーベル化学賞を共同受賞しています。

コビルカ　　　　　　　　レフコウィッツ

　アドレナリン受容体は G タンパク質共役型受容体としてはたらきます。これについて考えていきましょう。アドレナリンがアドレナリン受容体に結合すると G タンパク質の α サブユニットに結合している GDP が GTP に置き換わり，α サブユニットは，β サブユニットと γ サブユニットから離れ，アデニル酸シクラーゼという酵素に結合します。

　その結果，この酵素は活性化し，ATP からサイクリック AMP（cAMP）を生成します。さらに，G タンパク質の β サブユニットと γ サブユニットはカルシウムチャネルと結合してチャネルを開き，細胞内のカルシウムイオンの濃度を増加させます。

このように，GPCR（Gタンパク質共役型受容体）が細胞外の神経伝達物質やホルモンなどの物質と結合し，細胞内に情報が伝達されることで，細胞内のタンパク質の構造を変化させるなどの作用を引き起こすしくみが解明されています。

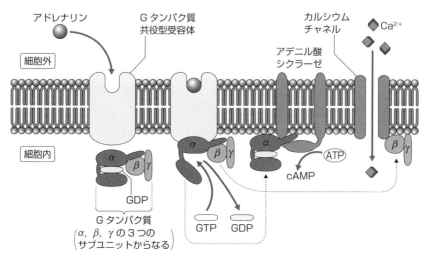

図1　Gタンパク質共役型受容体としてのアドレナリン受容体のしくみ

further study

Gタンパク質（G-protein）

　Gタンパク質はGTPアーゼに属する，グアニンヌクレオチド結合タンパク質の略称で，三量体Gタンパク質はαサブユニット，βサブユニットおよびγサブユニットからなるヘテロ三量体です。7回膜貫通型受容体（Gタンパク質共役型受容体，GPCR）に共役しています。αサブユニットはGDPまたはGTPを特異的に結合することができる。通常βサブユニットとγサブユニットは強く結合しています。受容体が活性化していない状態では，αβγサブユニットが結合しています。

■タンパク質の消化過程（proteins digestion process）

　タンパク質はアミノ酸がらせん状や折り畳まれた形の立体構造をしています。食物が胃で強い酸に合うと，タンパク質の立体構造が壊れ（変性），酸性状態で最もよく働く消化酵素ペプシンの作用を受けます。

　次に十二指腸へ送られたタンパク質は，膵臓から分泌される膵液と混じります。膵液は重曹を含み，胃酸で酸性化された食物を中和します。トリプシン，キモトリプシン，ペプチダーゼ類など，弱塩基性下で働くタンパク質分解酵素を含む膵液は，消化液中最も強力といわれています。

　食物は回腸へ進みながらアミノ酸やアミノ酸がいくつかつながったペプチドの形に分解されます。空腸に着く頃にはほとんどがアミノ酸に分解され，小腸上皮粘膜から吸収され，血液によって肝臓へ送られます。なお，小腸粘膜から吸収されるのは必ずしも1つひとつの遊離アミノ酸である必要はなく，2～3個のアミノ酸からなるジペプチドあるいはトリペプチドのままでも吸収される点に注意しておきましょう。

　肝臓では約2,000種の酵素が瞬時に500種もの化学反応を起こし，肝細胞1個につき1分間に60～100万個のタンパク質を生産。アミノ酸はここで新しいタンパク質へと合成されます。

 Column　胃や膵臓の「なぜ」

　胃でつくられるペプシン，あるいは膵臓でつくられるトリプシンなどによって，胃や膵臓の細胞が消化されないのはなぜなのか——これは，合成されるプロテアーゼ（タンパク質分解酵素）が不活性な前駆体として合成され，消化管内腔で活性にとんだ立体構造をとるためです。

　また，胃壁表面には大量の粘膜が分泌され，これが胃酸やペプシンから胃壁を守っているためです。

■タンパク質の種類（成分）

　タンパク質はその構成成分より，単純タンパク質と複合タンパク質にわけることができます。

　単純タンパク質（simple protein）は加水分解すると，アミノ酸だけを生じるタンパク質をいいます。これには，アルブミン（血漿中に最も多いタンパク質），グロブリン（卵白や血清グロブリンに含まれるタンパク質），ケラチン（毛髪や爪などの含まれるタンパク質），コラーゲン（軟骨や腱・

皮膚などに含まれ,動物の組織を結びつけるタンパク質),フィブロイン(絹糸やクモの糸に含まれるタンパク質)などがあります。

　複合タンパク質(conjugated protein)は,加水分解するとアミノ酸以外に,糖類,色素,リン酸,脂質,核酸などを生じるタンパク質です。例として,ヘモグロビン(タンパク質と色素が結合した色素タンパク質で,血液中の赤血球に含まれる),カゼイン(タンパク質とリン酸が結合したリンタンパク質で,牛乳の主成分となっている),コレステロール(脂質が結合したタンパク質で血液中や細胞膜などに存在する)などがあります。

■タンパク質の分解（形状）

　タンパク質はその形状から球状タンパク質と繊維状タンパク質に分けることができます。

　球状タンパク質(globular protein)は,ポリペプチド鎖が球状に丸まったタンパク質のことです。

　たとえば,アルブミン,グロブリン,グルテリンなどは球状タンパク質で生命活動の維持にはたらくものが多いです。

　一方,繊維状タンパク質(fibrous protein)は何本かのペプチド鎖が球状になったタンパク質でケラチン,コラーゲン,フィブロインなどがあります。

酵素と反応

Enzymes and Reactions

1 酵素の研究

酵素

■酵素がタンパク質であることを示した実験

　現在私たちは酵素がタンパク質であることを知っていますが，そのことが明らかになるのにはタンパク質自体に関する研究が進歩する必要がありました。

　1章ですでに登場したトラウベもそうした考えを持っていましたが，人々を説得させるには至りませんでした。それが可能になるのは20世紀になり，タンパク質の精製技術が進歩したおかげです。

　1926年には**サムナー**（James Batcheller Sumner, 1887-1955, アメリカ）がウレアーゼなる酵素をはじめて精製することに成功し，また，1930年には**ノースロップ**（John Howard Northrop, 1891-1987, アメリカ）がペプシンを結晶化し，それがタンパク質であることを示すなど，徐々に"酵素はタンパク質"という考えが受け入れられることになります。

　ジェームズ・バチェラー・サムナー　　ジョン・ハワード・ノースロップ

■酵素とは？

　酵素*による化学反応は，酵素の活性部位に基質が結合して酵素－基質複合体を形成することから始まります。活性部位に結合した基質は，酵素の触媒反応により生成物に変化して，酵素から離れます。その後，活性部位に新たな基質

biochemical words

*酵素
生物体内の化学反応を助ける（促進する・早める）物質。
→触媒

が結合して，同じ反応が再び繰り返される——このようにして，基質の結合と生成物の解離が繰り返されることにより，化学反応が促進されます。

further study

1. 酵素の特徴として，活性化エネルギーを減少させるということが挙げられます。これを研究したギブズは化学反応を進めるためには遷移状態という山を越える必要があると考えました。この山の高さをギブズの活性化エネルギーと呼びます。これを$\Delta G^{\ddagger}$で表します。この$\Delta G^{\ddagger}$が大きい反応は進みにくく，小さな反応は簡単に進むことができます。

2. 酵素を取り上げたついでに，生化学について少しコメントをしておきます。生化学は，生物学の一サブジャンルというよりも，生命現象を化学的側面から研究する1つの切り口と捉えられます。あらゆる生体分子と生物，その環境が対象となりえます。現在の生物学で生化学的と言うときは，生体から目的の分子を取り出して試験管内（in vitro）で実験を行うことを指すことが多いようです。生体内（in vivo）で行う場合は生理学的というのが一般的です。

■酵素の種類

　酵素にはたくさんの種類があり，その数はおよそ2,000種といわれます。これだけ種類が多くても，酵素には「一つひとつの酵素が，それぞれ特別な物質にだけ作用する」性質があり，これを酵素の特異性と呼んでいます。酵素は表面に特定の物質とだけ結合する凹凸を持ち，そこで特定の反応相手（基質）を見分けます。基質となる相手を認識した酵素は，触媒作用により化学反応を起こして基質を変化させます。1つの酵素は常に一定の基質と反応し，1種類の化学反応だけを行うのです。

　酵母がグルコースを分解してエタノールを生じる過程を例にとりましょう。糖からアルコールに変わるには12種類の化学反応が見られ，それぞれの化学反応には別々の酵素がかかわっています。12の化学反応には12の酵素が必要というわけで，これらの酵素はすべて純粋なタンパク質として酵母の中に入っています。

　酵母のような微生物とくらべると，ヒトの体は巨大な化学工場のようです。あらゆる生命活動のために何千種という化学反応が同時に進行し，何千種もの酵素が日夜働いています。体内の化学反応は穏やかに，正確に，素早く行われます。しかも実験室と違い，強い酸もアルカリも使わず，熱を加える必要もありません。体温は約37度で，pHは中性付近のごく穏和

な条件で，生体内の化学反応は行われているのです。

消化液別の各酵素の性質と働き

消化液	基質	生成物	酵素	pH
だ液	デンプン	マルトース	アミラーゼ	中性
胃液	タンパク質	ポリペプチド	ペプシン	酸性
膵液	マルトース	グルコース	マルターゼ	弱アルカリ性
同	脂肪	脂肪酸とモノグリセリド	リパーゼ	弱アルカリ性
同	ポリペプチド	アミノ酸	ペプチダーゼ	弱アルカリ性
腸液	スクロース	グルコースとフルクトース	スクラーゼ	
同	ラクトース	グルコースとガラクトース	ラクターゼ	
同	マルトース	グルコース	マルターゼ	
同	ペプチド	アミノ酸	ペプチダーゼ	

▼腸液

(1) 十二指腸液（duodenal juice）：ブルンナー腺（十二指腸腺）から分泌されるもので，無色で粘性があり，アルカリ性。ペプシン様のプロテアーゼを含む。凝乳・脂肪分解・澱粉分解の作用もある。機械的刺激や腸内の脂肪などで分泌が増進する。また膵液中のトリプシノゲンを活性化するエンテロキナーゼを含む。

(2) 小腸液（small intestine juice）：腸腺および上皮細胞から分泌されるもの。遠心分離すると黄色で透明。アルカリ性（pH7.7）で，比重は1.007内外。大部分は水分で，塩化ナトリウム0.58〜0.67％，炭酸ナトリウム0.22％，および燐蛋白質性の粘液を含む。この腸液は食物消化を行う酵素としてアミノペプチダーゼ・ジペプチダーゼ・スクラーゼ・ラクターゼ・マルターゼ・核酸分解酵素およびレシチナーゼなどを含み，その他ホスファターゼも含有する。食物が腸に入ったときの腸粘膜の機械的刺激や化学的刺激，あるいはセクレチンの作用によっても分泌される。

POINT

酵素の特徴

①**基質特異性**（＝反応する物質が決まっていること）

例　アミラーゼの基質はデンプンであり，それ以外の物質には作用しない

②**触媒**として働く（化学反応を早める物質）

例　マルトース　→　グルコース　＋　グルコース

　　　　　↑マルターゼ

　くぼみ（酵素の**活性部位**）に結合すると反応する

　※マルターゼの構造に変化はないので，何度でも使用可能

③高熱に弱い…酵素は**タンパク質**の性質があるため

further study

　タンパク質なので熱に弱いものは多いのですが，超高熱菌などのもつ酵素は最適温度が70℃程度のものがあり，100℃を超えても熱変性しないものもあります。PCR法で用いるDNAポリメラーゼには，高温でも変性しない酵素を見つけるまではサイクルごとに酵素を改めて加えていました。

　少し酵素に関する基本的な問題を解いてみましょう。

演習問題　動物は　ア　生物と呼ばれ，個体を維持するために必要な物質やエネルギーを外部より取り入れることが不可欠である。一般には食物という形でこれらを取り入れるが，食物は主に他の生物体由来であり，そのままの形では利用できないので，動物は　イ　と呼ばれる過程により食物を分解して利用している。[1]たとえば，タンパク質の場合はアミノ酸に，デンプンなどの炭水化物の場合は　ウ　にまで分解して利用している。しかし，これらの高分子は化学的に比較的安定なため，容易には分解できない。一般に，これらの化合物を化学的に分解する場合は高温・高圧下で　エ　を用いるなどして行なわれる。これに対して，生物の場合は酵素を用いることにより常温・常圧の条件下で容易に分解反応を行っている。酵素はタンパク質であり，酵素の機能は一種の　エ　作用である。酵素の一部には　オ　や　カ　と呼ばれる補助因子を必要とするものもある。

　酵素の性質を明らかにするには，まずその活性を測定することから

始める必要がある。²⁾このためには，図1のように，反応生成物の量と反応時間との関係を調べ，その初期の傾きから反応速度を求めればよい。しかし，酵素の反応速度は様々な条件により大きく変化する。図2は，他の条件を一定にして，基質濃度のみを変化させた場合の反応速度の変化を図示したものである。³⁾基質濃度が低いところでは反応速度は直線的に増加するが，基質濃度を上げていくと反応速度は徐々に一定の値に近づいていく。また，⁴⁾酵素の反応速度は，温度を変化させた場合にも図3のような特有の変化を示す。同様に，pHを変化させた場合にも酵素の反応速度は変化する。

一般に，⁵⁾酵素はきわめて高い基質特異性をもつことが知られている。たとえば，ほとんどのアミノ酸は立体構造が若干異なる類似体（異性体）をもつが，アミノ酸を基質とする多くの酵素は特定の異性体にのみ働き，その他の異性体には働かない。それどころか，⁶⁾これらの異性体はしばしば競争的阻害剤として働く。この酵素の示す高い基質特異性を説明する上で重要な点は，酵素は分子中に ┌ エ ┐ 作用を担う特別の場である ┌ キ ┐ とよばれる部位をもつことにある。

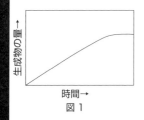

図1

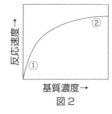

図2

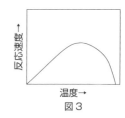

図3

問1 文中の ┌ ア ┐ ～ ┌ キ ┐ に入る適切な語句を以下の語群から選びなさい。

［語群］

消化	ホルモン	酸化	触媒
力学	活性中心	受容体	金属
同化	従属栄養	補酵素	光学
単糖類	還元	独立栄養	

問2 下線部 1) について，以下の (1)～(3) に答えなさい。

(1) タンパク質と炭水化物の分解に関わる酵素をそれぞれ1つ答えなさい。

(2) タンパク質はアミノ酸が結合したものであるが，その結合の名称を答えなさい。

(3) 2個のリシンがこの結合で結合した場合の構造式を答えなさい。ただし，リシンの構造式を図4とする。

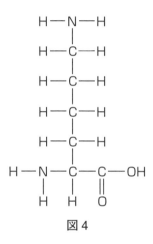

図4

問3 下線部 2) で説明されている図1において，他の条件は変えずに酵素の量を2倍にした場合どのような曲線を示すか，答えを図1をモデルにして新たに書き入れなさい。

問4 下線部 3) に説明されている図2の①および②において酵素と基質はどのような関係にあるか，それぞれ述べなさい。

問5 下線部 4) について，酵素の反応速度は，一般に図3に示すようにある温度までは上昇するが，その温度を超えると下降する。上昇および下降する理由をそれぞれ30字以内で述べなさい。

問6 下線部 5) について，酵素が示す高い基質特異性はどのように

して生じるか，60字以内で述べなさい。

問7 下線部6）に述べられている作用をもつ阻害剤を加えた場合，図2の曲線はどのような曲線に変化するか，答えを図2の曲線を描いたうえで新たに図に書き入れなさい。

 問1 ア 従属栄養　　イ 消化　　ウ 単糖類　　エ 触媒
オ，カ 金属，補酵素（順不同）　キ 活性部位

問2

(1) タンパク質…ペプシン　　　　　炭水化物…アミラーゼ
(2) ペプチド結合　　　　(3) 次図

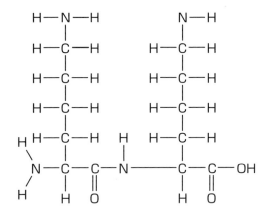

問3 次図

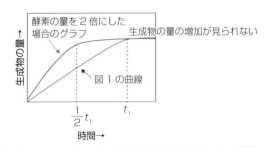

問 4 ① 基質よりも酵素が多い状態で，基質と結合していない酵素がある。
② 酵素よりも基質が多い状態で，すべての酵素が基質と結合している。

問 5 上昇…酵素の最適温度に近づくと反応速度が上昇するため。
下降…酵素の最適温度を超えると熱変性を起こし失活するため。

問 6 酵素のもつ活性部位と基質の結合部分が鍵と鍵穴のような関係になっているため，特定の基質にしか触媒作用を示さない。

問 7 次図

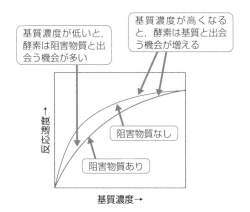

2　酵素と反応

■酵素の命名

　　酵素の命名は，国際生化学分子生物学連合（IUB）の酵素委員会によって作成された規則に基づいて，約 2500 種類の酵素が記載されています。酵素には語尾に ase をつけて示します（たとえば，デヒドロゲナーゼ，ATP アーゼなど）。ただし，タンパク質分解酵素にはこの命名規則ができる前に研究者によって名づけられたため，in で終わる常用名をもつものが多いのです。たとえば，パパイン，トリプシン，ペプシンなどがそれにあたります。

　　酵素の名称は一般に 2 つの部分からなります。最初の部分は，酵素が作用する基質を示しています。2 番目の部分は触媒する反応の種類を表します。たとえば，コハク酸デヒドロゲナーゼは，コハク酸（基質になります）から 2 個の水素を除去する（反応の種類）を表します。ピルビン酸デカルボキシラーゼは，ピルビン酸から CO_2 を除去する反応を触媒する酵素を表します。

酵素の分類と特性

■生体内での酵素活性の調節

　　酵素は温度や pH で酵素活性が変化しますが，ヒトの生体内では，特定の細胞の温度を上げたり，また pH を変化させたりすることは困難です。それでは，どのようにしてその調節を行っているのでしょうか？

　　1 つの方法として必要な酵素を新たに合成したり，逆に不必要になった酵素を分解したりすることで調節できます。新たに酵素を合成するためには調節タンパク質が特定の遺伝発現を促進した酵素合成を進めます。不必要なときは，オートファゴソームという顆粒をつくりタンパク質分解酵素を多量に含むリソソームと融合してリソソーム内に取り込まれて分解されます。

■リン酸化も酵素活性にはたらく

タンパク質のリン酸化は，細菌，古細菌，真核生物のすべての生物に存在する重要な調節機構です。この過程は，キナーゼ(リン酸化)とホスファターゼ（脱リン酸化）と呼ばれる酵素が関係しています。生体内では，多くの酵素と受容体はリン酸化と脱リン酸化でスイッチのオン・オフを行っています。結果，リン酸化は，多くの酵素と受容体に構造変化をもたらし，そ

れらを活性化または非活性化させています。**リン酸化は，真核生物のタンパク質のセリン，トレオニン，そしてチロシンの残基に起こります。**セリン，トレオニン，チロシン残基に加えて，リン酸化は原核生物のタンパク質の塩基性アミノ酸残基，ヒスチジン，アルギニン，リシンにも起こります。

■酵素の反応速度論

　生体内の化学反応は酵素なしの場合とくらべ，10の7乗から10の10乗倍の速さで行われていると思われます。酵素が1分間に合成，あるいは分解する分子の数は100〜1万にのぼり，中には4億もの新しい物質をつくり出す酵素もあります。これらの化学反応は酵素の特異性により基質を確実に選び分け，同時に起こる膨大な数の化学反応も混乱せずに，生体内で整然と行われています。

　酵素の反応速度は，酵素と基質の濃度で決まります。酵素濃度が一定の時，基質を増加させると反応速度は最大に向かって曲線的に増加します。この性質は，酵素が基質に対して一定数の結合部位を持っていることを示し，すべての結合部位を占有されると反応速度の増加が見られなくなります。

3　ミカエリス・メンテンの式

酵素反応の解析

■ミカエリス・メンテンの式の導き方

　最も単純な酵素反応は，1つの基質が酵素と複合体をつくり，それが生成物と酵素に分解するモデルを考えることができます。

$$E + S \underset{k_{-1}}{\overset{k_1}{\rightleftarrows}} ES \overset{k_2}{\rightarrow} P + E$$

※ E は**酵素**（enzyme），S は**基質**（substrate），ES は**酵素－基質複合体**（enzyme-substrate complex），P は**生成物**（product）

　ミカエリス・メンテンの式は，酵素反応の解析に用いられる基本的な式です。ミカエリス（Leonor Michaelis, 1875-1949）とメンテン（Maud Leonora Menten, 1879-1960）は，酵母インベルターゼによるスクロースの加水分解反応の速度を測定し，その結果から式（1）に示すように，まず酵素（E）が基質（S）と結合して酵素－基質複合体（ES）を形成し，次に式（2）に従って反応生成物（P）を生じるとともに酵素が遊離する2段階の反応機構を提唱した。式（1）を平衡反応式と考え，式（3）で示される反応速度式を得，ミカエリス・メンテンの式と名づけました。

$$E + S \underset{k_2}{\overset{k_1}{\rightleftarrows}} ES \tag{1}$$

$$ES \overset{k_3}{\longrightarrow} E + P \tag{2}$$

$$v = \frac{V\text{max} \cdot [S]}{K\text{m} + [S]} \tag{3}$$

ミカエリス定数

ミカエリス定数（Km）は，酵素それぞれの特性を表す固有の値です。Km 値が小さいほど酵素と基質の親和性*が高く，逆に Km 値が大きいほど酵素と基質の親和性が低いことを意味します。

biochemical words

*親和性
基質と酵素の結合のしやすさを親和性という。ミカエリス定数（Km）は，最大速度（Vmax）の半分の反応速度になる基質濃度である。つまり，Km が小さいということは，より低濃度の基質濃度でも酵素と結合することができるので，親和性が高いということである。

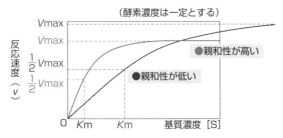

図1　基質濃度と反応速度

レオノール・ミカエリス

モード・レオノーラ・メンテン

■酵素の一般的な反応速度

たとえば，ある酵素の基質濃度と反応速度は次のグラフのようになります。

下の図では，基質濃度が上がるほど反応速度は増えていきますが，それは漸近的に Vmax へ近づいていきます。

　基質濃度［S］を X 軸（横軸）にとり，反応速度を Y 軸（縦軸）にとります。基質濃度が 0 のときの反応速度は 0，基質濃度を無限大にしたときの反応速度が Vmax で表されます。Km は，反応速度が最大反応速度の $\frac{1}{2}$ となったときの基質濃度です。つまり $\frac{1}{2}$ Vmax を与える基質濃度が Km です。下の図では Vmax が約 0.34 ですから，その $\frac{1}{2}$ ですから反応速度が 0.17 となるときの［S］を求めると 250～300 のところにあることが読み取れます。Reaction rate とは反応速度，Substrate concentration とは基質濃度です。

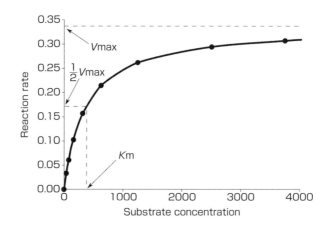

■ミカエリス・メンテンの式

　ミカエリス・メンテンの式は平衡状態が成立，定常状態のときに基質濃度が変化したときの酵素反応への影響を表す式です。

　他の条件（酵素濃度など）が同じとき，それぞれ「初速度：V_i」「最大速度：Vmax」「最大速度の 1/2 の速度を与える基質濃度：Km」とします。

　Km と Vmax は酵素反応の温度や pH などさまざまな条件に依存する値であり，実験的に求める必要があります。具体的には，さまざまな基質濃度［S］において反応速度 v を測定し，そこから Km や Vmax を算出します。このとき，ラインウィーバー・バークプロット（両逆数プロット）が有効です。

　ミカエリス・メンテンの式は，p.76 の（3）で示したものです。何回も

出てきますから記憶しておきましょう。

この式を変形していくと次のようになります。

$$v = \frac{V\text{max} \cdot [\text{S}]}{K\text{m} + [\text{S}]}$$

ミカエリス定数

逆数をとって，

$$\frac{1}{v} = \frac{K\text{m} + [\text{S}]}{V\text{max} \cdot [\text{S}]} = \underbrace{\frac{K\text{m}}{V\text{max}}}_{\text{定数}} \cdot \frac{1}{[\text{S}]} + \underbrace{\frac{1}{V\text{max}}}_{\text{定数}}$$

となり，

$$Y = aX + b$$

$\dfrac{1}{v} \qquad \dfrac{1}{[\text{S}]}$

の形の式と考えることができます。

$\dfrac{1}{v} = 0$ と仮定すると $\dfrac{1}{[\text{S}]} = -\dfrac{1}{K\text{m}}$ ， $\dfrac{1}{[\text{S}]} = 0$ と仮定すると $\dfrac{1}{v} = \dfrac{1}{V\text{max}}$

となります。

このとき二重逆数プロットの変化は次のようになります。

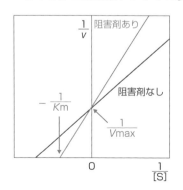

阻害剤の結合部位：基質と同一の酵素の活性部位
$K\text{m}$ の変化：大きくなる
$V\text{max}$ の変化：変わらない

図2　競争的阻害の二重逆数プロット

4　非競争的阻害

非競争的阻害

■阻害剤

　　阻害剤が，基質と異なる酵素の部位に結合することによって酵素反応を阻害するものを**非競争的阻害**といいます。

　　非競争的阻害では，阻害剤は基質と酵素の結合には影響しませんので，基質と酵素の親和性は阻害剤がないときと変わりません。よって，Km 値は変わりません。

　　一方，阻害剤に比べて基質が十分に存在する場合でも，阻害剤は酵素に結合し反応を妨げることができるので，最大反応速度は阻害剤がないときに比べて小さくなります。

　　このとき二重逆数プロットの変化は次のようになります。

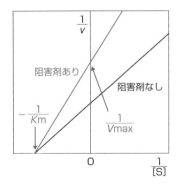

阻害剤の結合部位：基質と異なる酵素の部位
Km の変化：変わらない
$Vmax$ の変化：小さくなる

図 1　非競争的阻害の二重逆数プロット

　　今まで述べてきたところを，演習問題を通して考えていきましょう。

演習
問題
1

　図2に，ある酵素Eの濃度が一定のときの，基質Sの濃度（[S]と示す）と反応速度（vと示す）との関係を示す。反応の最大速度をVmax，Vmaxの半分の速度を$\frac{1}{2}V$max，反応速度が$\frac{1}{2}V$maxのときの基質濃度をKmとする。次の（1）～（3）に答えよ。

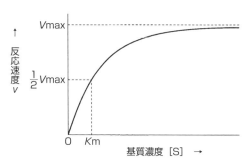

図2　基質濃度と反応速度

(1)　図2に示すように，基質濃度が高くなると反応速度の上昇がゆるやかになる。この理由の推定として最も適切なものを，次の①，②，③，④のうちから1つ選びなさい。
①　酵素の活性が低下するため。
②　酵素−基質複合体ができなくなったため。
③　ほとんどの酵素が基質と結合しているため。
④　酵素によって，ほぼすべての基質が生成物となったため。

(2)　この反応では，v，Vmax，Kmの間には $v = \dfrac{V\text{max}[S]}{K\text{m} + [S]}$ という式が成り立つことがわかっている。Vmaxは，基質濃度が無限大のときの反応速度であるので，実際の実験で直接数値を求めることが難しい。そこで，実験で得たデータから，横軸に基質濃度の逆数$\left(\dfrac{1}{[S]}\right)$，縦軸に反応速度の逆数$\left(\dfrac{1}{v}\right)$をプロットし，図3を作成した。

上記の式を変形すると，

$$\frac{1}{v} = \frac{K\text{m} + [S]}{V\text{max}[S]} = \frac{K\text{m}}{V\text{max}} \frac{1}{[S]} + \boxed{*1}$$

となり，図 3 の直線の式が導かれる。

図 3 の点 A の座標は $(0, \boxed{*1})$，点 B の座標は $(-\dfrac{1}{Km}, 0)$ となり，Vmax, Km の実際の値をそれぞれ求めることができる。$\boxed{*1}$ に入る式として最も適切なものを，次の①～⑧のうちから 1 つ選びなさい。

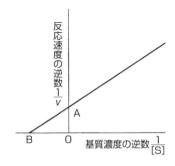

図 3　基質濃度の逆数と反応速度の逆数

① Vmax　② $\dfrac{1}{2}V$max　③ $\dfrac{1}{V\text{max}}$　④ Km

⑤ $\dfrac{1}{2}Km$　⑥ $-\dfrac{1}{Km}$　⑦ $\dfrac{V\text{max}}{Km}$　⑧ $\dfrac{Km}{V\text{max}}$

(3)　酵素 E の活性部位を基質 S と奪い合うことにより競争的阻害を生じる物質 P を一定量添加すると，どのような直線になりますか。最も適切なものを，次の①～⑤のうちから 1 つ選びなさい（ただし，図 3 の条件での直線を実線で示してあります）。

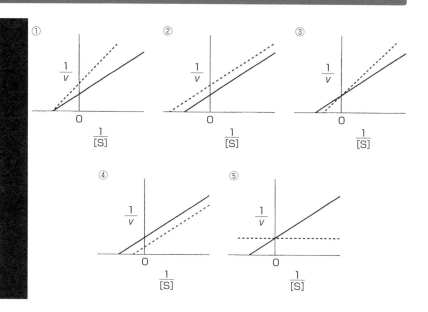

解答   (1)   ③   (2)   ③   (3)   ③

演習問題2

以下の問題文を読み，答えを解答欄に記入しなさい。

　酵素反応は，基質と酵素が結合し，それらの複合体を経て生成物が合成される反応である。基質は溶液中をランダムに動き回りながら酵素の（　あ　）に出会う。このとき，基質と酵素の間で（　い　）などの弱い結合を形成する。酵素の（　あ　）に結合した分子が本来その酵素と結合すべき基質でないなら，分子のランダムな運動のエネルギーが，弱い結合エネルギーを上回るので，結合を維持することができない。このようにして，基質と酵素は結合する分子の種類の組み合わせが決まっている。このことを（　う　）という。

　ある酵素 E と基質 S を反応させると，次の化学反応式のように，複合体 ES を経て生成物 P が生成される。

$$S \ + \ E \ \overrightarrow{\longleftarrow\hspace{-0.2em}\longrightarrow} \ ES \ \longrightarrow \ P \ + \ E$$

この反応系にさまざまな濃度の S（初期濃度 $[S]_0$）と一定の濃度の

Eを混合し，Pの単位時間当たりの初期の生成速度 V_0 を計測すると，図4のようになった。$[S]_0$ が非常に小さい場合には，V_0 は $[S]_0$ にほぼ比例して大きくなる（問4）が，一方で，$[S]_0$ をどんなに大きくしても，V_0 はそれ以上大きくならない限界値，すなわち最大速度 Vmax を示す（問5）。

この関係は，ミカエリス・メンテンの式として知られる次の式で表される。

$$V_0 = \frac{V\text{max}[S]_0}{K\text{m} + [S]_0}$$

V_0 は，Pの濃度 $[P]$ の経時変化を計測してその増加速度を見積ることで求められる。一方，次のようにSの濃度 $[S]$ の経時変化を計測することで，V_0 を間接的に求める方法もある。SがESを形成してもすぐさまPとなる酵素反応の場合には，V_0 は $[S]$ の初期の（　え　）速度とほぼ等しくなるからである。ここで，Km はミカエリス定数と呼ばれ，基質と酵素の結合の強さに関係する値であり，小さいほど両者はより強く結合することを表す。図4に見るように，$[S]_0$ が Km に等しいとき，V_0 が Vmax のちょうど半分となる。このように，Vmax と Km は，酵素と基質の組み合わせごとに決まり，それらの関係を定義する重要な値である。

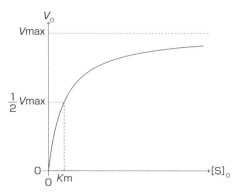

図4　基質濃度と酵素反応速度の関係

《実験》

　[S]$_0$ を様々に変えて，その後 [S] がどのように時間変化したか，計測した結果を a ～ e として図 2 に示す。ただし，最初に加えた酵素の濃度 [E]$_0$ はどの実験でも同じで，[S]$_0$ より十分に低い値であったとする。また，二重下線部の仮定が成り立つとする。

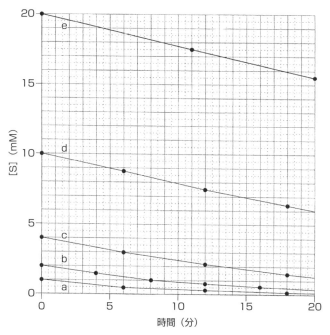

図 5　基質濃度の時間変化（単位 M = mol/L）

《実験データ整理の手順》

　図 5 の実験の計測結果から V_0 と [S]$_0$ を見積り，Vmax と Km を求めたい。ところが，ミカエリス・メンテンの式は図 1 にみるように曲線を表す式であり，グラフ用紙を活用するだけでは簡単に求まりそうにない。そこで，式が直線を表すように工夫しようと思う。図 6 にあるように，グラフの縦軸を $1/V_0$ に，横軸を（　お　）となるように式を整理すれば，このグラフの縦軸の切片は（　か　）に，横軸の切片は（　き　）になる。この実験結果を整理して表 1 のシートにまとめる。

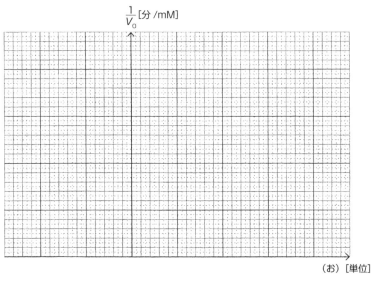

図6　実験データ解析のグラフ用紙

表1　実験データの整理用シート

グラフの記号	$[S]_0$ (mM)	（　お　）	V_0 (mM/分)	$\dfrac{1}{V_0}$ (分/mM)
a				
b				
c				
d				
e				

問1　（　あ　）～（　え　）にあてはまる適切な語句を記入しなさい。

問2　（　お　）～（　き　）にあてはまる記号を下から選びなさい。

記号：

$[S]$,　　$[P]$,　　$[E]$,　　$[S]_0$,　　$[P]_0$,　　$[E]_0$,

$1/[S]_0$,　　$1/[P]_0$,　　$1/[E]_0$,　　V_0,　　$1/V_0$,　　Vmax,

Km,　　$1/V$max,　　$1/K$m,　　$-V$max,　　$-K$m,

$$-1/V\text{max}, \qquad -1/K\text{m}$$

問3 問題文の実験データ整理の手順に従った作業を行い，解答欄の
グラフ用紙に（　お　）と $1/V_0$ の関係を少なくとも３点プロットし
直線を引きなさい。この直線から $V\text{max}$ と $K\text{m}$ を求め，単位とともに
解答欄に記入しなさい。プロット作成時には，グラフのスケールがわ
かるように代表的な軸の数値を適切な位置に記入しなさい。その際，
（　お　）の単位も記入すること。直線を引く際は手描きでよい。

問4 下線部（問4）に述べた通り，$[S]_0$ が $K\text{m}$ よりも非常に小さい
場合は，V_0 は $[S]_0$ に比例する。そうなる理由を70字以内で述べ
なさい。

問5 $[S]_0$ が $K\text{m}$ よりも非常に大きい場合は，下線部（問5）に述べ
た通り V_0 は限界値を示す。この現象と原理が同じと考えられる文
章を次の (1)～(5)より選び，解答欄所定の場所に○印を記入しな
さい。そうでない文章には×印を記入しなさい。○印をつけた文
章には，その現象について，酵素反応における「酵素」と「基質」
に対応する対象を文中から抜き出して記入しなさい。

(1)　シャーレの中で栄養素を含む培養液とともに細胞を培養すると，
始めは急激に増殖したが，シャーレの端まで細胞がおおいつくす
とそれ以上増殖しなくなった。

(2)　ミオシン分子をガラス基板上に結合させ，ATPとアクチンフィ
ラメントを含む実験溶液を加えるとアクチンフィラメントが運動
を始めた。ATP濃度に応じてアクチンフィラメントの運動速度は
大きくなったが，ある濃度以上ではそれ以上大きくなることはな
かった。

(3)　酸素を結合しているヘモグロビンの割合は，酸素分圧が低い場
合にはそれに依存してゆっくりと増加したが，ある値以上の酸素
分圧では，それ以上高くならなかった。

(4)　テーブルに組立部品をある密度（単位面積あたりの個数）で置き，

そのテーブルの周りに作業員を配置した。作業員はどの部品でも同じように手が届くものとし，ランダムに部品を選び出し組み立てる。その作業量を計測した。部品密度が低いとき，その密度に応じて単位時間当たりの作業量は大きくなったが，ある一定以上の部品密度ではそれ以上大きくならなかった。

(5) 高速道路にトラックと乗用車が混在して走行しているとする。トラックの密度（単位面積あたりの台数）が高いときには乗用車は低速走行となった。一方，トラックの密度が低い場合には，乗用車はある一定速度まで高速走行が可能であった。

解答

問1 あ　活性部位　　　い　水素結合　　　う　基質特異性
　　　え　減少

問2 お　$1/[S]_0$　　　か　$1/V\text{max}$　　　き　$-1/K\text{m}$

問3 次図

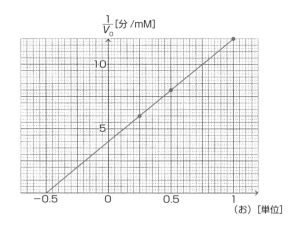

$V\text{max}\cdots0.25[\text{mM}/分]$　　　$K\text{m}\cdots2[\text{mM}]$　　　お　$[\text{mM}^{-1}]$

問4 酵素濃度が基質濃度よりも多い状態では，基質濃度を増加させ

るたびに酵素 − 基質複合体の量が増加していき，反応速度も上昇していくため。

問 5 (1) ×　　　　　　　　(2) ○，ミオシン分子，ATP
　　　(3) ○，ヘモグロビン，酸素　(4) ○，作業員，組立部品
　　　(5) ×

■ミカエリス・メンテンの式の限界

　ミカエリス・メンテンの式が成立しないケースがあることを述べておきましょう。アロステリック酵素の中には多量体構造をとっているものがあり，基質結合部位を複数もっている酵素があります。そのうちの 1 か所に基質が結合すると，全体の構造が変化してしまい，基質が残りの結合部位に，非常に高い親和性で結合できるようになります。

　このような場合，基質濃度がある閾値を超えると反応速度が急速に高まり，グラフはシグモイダルカーブ（S 字曲線）を描くようになります。このようになるとミカエリス・メンテンの式が成立しなくなります。通常の酵素反応の速度は演習問題 2 の図 4 にみられるグラフです。

糖代謝

Sugar Metabolism

1 糖，特に単糖

糖質の構造と機能

　糖質は $C_m(H_2O)_n$ という組成式で表すことができる物質です[※]。構造の基本単位を単糖とよびます。

　単糖以外は，単糖が共有結合でつながったものです。単糖が2〜10個程度の単糖からなるものをオリゴ糖とよぶことがあります。通常は1分子の糖から加水分解により2分子の単糖が生じるものを二糖といい，さらに多数（3個以上）の単糖が結合した構造をもつデンプンやセルロースなどは多糖とよびます。

※ DNA を構成する成分であるデオキシリボース $C_5H_{10}O_4$ のように $C_m(H_2O)_n$ に当てはまらない糖もあります。

■単量体と重合体

　分子量が1万以上の化合物を高分子化合物または単に高分子とよびます。多くの高分子化合物は小さな構成単位が繰り返し結合したような構造をしています。この構成単位となる小さな分子を単量体(モノマー)といいます。多数の単量体が次々に結合する反応を重合といい，重合で生じる高分子化合物を重合体（ポリマー）といいます。

単糖の構造

　グルコースのように，それ以上加水分解されない糖を単糖（類）とよびます。単糖は，炭素数6の六炭糖（ヘキソース）とリボースのように炭素数5の五炭糖（ペントース）などがあります。六炭糖の分子式は $C_6H_{12}O_6$，五炭糖の分子式は $C_5H_{10}O_5$ です。

　グルコースのようにホルミル基（アルデヒド基)[*1]をもつ単糖をアルドース，フルクトースのようにカルボニル基をもつ単糖をケトースとよびます。

　また，糖類は元素組成が，炭素と水からできているように見えることから，炭水化物ともよばれます。

　グルコース水溶液には，ホルミル基があるので，還元性があり，フェーリング液を還元し，銀鏡反応を示すことになります。

biochemical words

[*1] ホルミル基（アルデヒド基）
ホルミル基とは -CHO の化学式で表される1価の原子団をいう。
アシル基の1種で，カルボニル基>C=O に水素原子が結合した形の基である。

■グルコース　$C_6H_{12}O_6$

　グルコースは白色の粉末状の結晶で，分子中に多くの$-OH$を含むため，水によく溶け甘味をもつ物質です。多くの動植物の体内に貯蔵され，生物体のエネルギー源になる物質で，ヒトの血液中には0.1％程度含まれています。

　結晶中のグルコースは，C原子5個とO原子1個が環状につながった六員環構造をとります。図に見られるようにα-グルコースとβ-グルコースがあり，両者は**立体異性体**[★2]の関係にあります。

biochemical words

**[★2]立体異性体
（stereoisomer）**
分子式は同じであっても，構造が異なる化合物を異性体といいます。このうち，分子の立体的な構造が異なるために生じる異性体を立体異性体といいます。立体異性体には，炭素間の二重結合が原因で生じる**シス-トランス異性体（幾何異性体）**と，不斉炭素原子が原因で生じる**鏡像異性体（光学異性体）**がある。

　グルコース中の炭素原子を区別するため，図のように1位の炭素原子から右回りに番号をつけます。6位の炭素原子を含むCH_2OHを環の上側においたとき，1位の炭素原子につく$-OH$（ヒドロキシ基）が環の下側にあるものをα型，上側にあるものをβ型といいます。

　図のα型やβ型のような構造式は，糖の環を構成する原子を手前上方から見た状態を平面六角形で表し，太い線は手前にある結合を示したものです。炭素原子に結合している原子や原子団は，環を含む面の上側にあれば紙面の上向きに，下側にあれば，下向きに書きます。

■ 1位の炭素原子の決定方法

グルコースは水溶液中で平衡状態になっています。α型からアルデヒド型を経て β 型に，あるいはその逆の過程を経て可逆的に変化しています。アルデヒド型は鎖状構造で，ホルミル基（－CHO）中の炭素原子を 1 位の炭素原子とします。25℃の水溶液中では α 型が 36 %，β 型が 64 %，鎖状構造のアルデヒド型が微量（0.02 %）を占めます。

■ フルクトース $C_6H_{12}O_6$

水によく溶ける糖類で強い甘味をもつ物質。蜂蜜や果実の中に存在します。

結晶中のフルクトースは，主に六員環構造をとりますが，水に溶かすと，その一部が鎖状構造を経由して，五員環構造となりやがて平衡状態に達します。

フルクトースの水溶液は還元性を示します。これは，水溶液中に存在する鎖状構造の中にある 1 位と 2 位の C 原子に形成されるヒドロキシケトン基 －COCH₂OH の部分が，ホルミル基 －CHO と同様に酸化されやすいことによります。

■ガラクトース　$C_6H_{12}O_6$

　ガラクトースは二糖類のラクトースの構成成分で，寒天成分である多糖のガラクタンを加水分解して得られます。ヘミアセタール構造があるので，水溶液中で一部はホルミル基をもつ鎖状構造に変化して還元性を示します。

☕ *Column*　甘味

　甘味の強さは，フルクトース＞スクロース＞グルコースとなります。
　ガラクトースの甘味は弱く，また糖についている語尾 -ose（オース）を -ase（アーゼ）にすると加水分解酵素になることが多いです。
　スクロースを分解する酵素はこのように考えると，スクラーゼということになりますが，化学では頑なにインベルターゼという表現をしていることが多いですね。もちろんスクラーゼでも OK です。

■おもな有機化合物の分類と官能基（結合）のまとめ

分類	官能基（結合）	化合物の例
アルコール	ヒドロキシ基　−OH	CH_3OH
フェノール類		C_6H_5OH
エーテル	（エーテル結合）−O−	CH_3OCH_3
アルデヒド*	ホルミル基　−CH=O	CH_3CHO
ケトン	カルボニル基** ＞C=O	CH_3COCH_3
カルボン酸*	カルボキシ基　−COOH	CH_3COOH
エステル*	（エステル結合）−COO−	CH_3COOCH_3

ニトロ化合物	ニトロ基　$-NO_2$	$C_6H_5NO_2$
スルホン酸	スルホ基　$-SO_3H$	$C_6H_5SO_3H$
アミン	アミノ基　$-NH_2$	$C_6H_5NH_2$

* 官能基の C 原子と結合するのは C 原子でも H 原子でもよい（他の分で官能基と結合するのは C 原子に限る）。

** アルデヒドやカルボン酸，エステルの $>C=O$ 部分もカルボニル基に含めることがある。

POINT

単糖は，下の図のようにヒドロキシ基の数が非常に多いのです。
ヒドロキシ基は水分子と水素結合を形成するため，水に非常に良く溶けます。

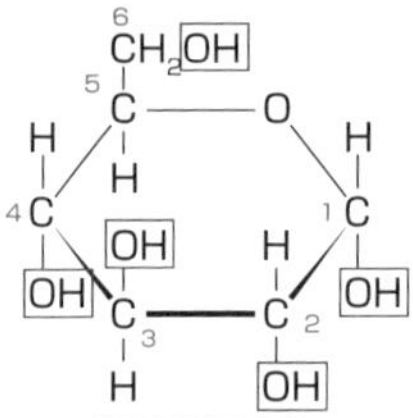

グルコース 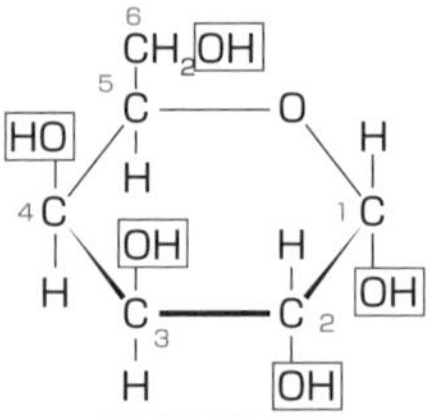　ガラクトース 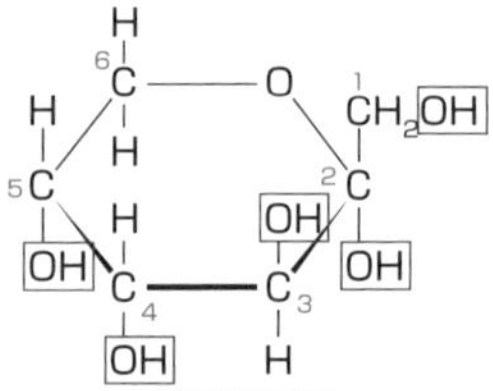　フルクトース

2 二糖（類）

二糖[*1]

■スクロース $C_{12}H_{22}O_{11}$

スクロースは，単糖であるグルコース（ブドウ糖）とフルクトース（果糖）が α-1,2-グリコシド結合した糖であり，二糖類の１種です。スクロースはサトウキビやテンサイ（ビート）の中に多量に存在し，それらのしぼり汁を煮詰め，精製して得られます。無色の結晶で，水によく溶け，甘味があります。グラニュー糖の主成分はスクロースです。

biochemical words

[*1] **二糖**
２分子の単糖から１分子の水が取れて結合した構造の化合物を二糖といい，加水分解によって２分子の単糖となる。

$$スクロース = \alpha\text{-グルコース} + \beta\text{-フルクトース（裏）}$$

further study

グリコシド結合の表記

グリコシド結合を表現するのに，$\alpha(1 \to 2)$ 結合 β 結合（スクロースの場合），β（$1 \to 4$）結合（ラクトースの場合），$\alpha(1 \to 4)$ 結合（マルトースの場合）といった表記法が用いられます。矢印の左側はアノマー炭素のアノマー型と炭素番号を表し，矢印の右側は反応相手のヒドロキシ基の炭素番号を表しています。スクロースのようにアノマー炭素同士が結合する場合は，矢印の右側にもアノマー型が表記されます。

■マルトース $C_{12}H_{22}O_{11}$

多糖であるデンプンにアミラーゼを作用させると，デンプンが加水分解されてマルトースが生成します。水飴の主成分でほどよい甘さをもちます。

α-グルコース２分子が１位と４位のヒドロキシ基（$-OH$）で縮合してできた二糖をマルトース（麦芽糖）といいます。

α-グルコース（表）　α-グルコース（表）　マルトース（麦芽糖）

■ セロビオース　$C_{12}H_{22}O_{11}$

　セロビオースは，多糖であるセルロースにセルラーゼという酵素を作用させると生じます。甘さはほとんどありません。

　セロビオースはあまりなじみがありませんね。セルロースとは深い関係があります。セロビオースは，β-グルコース分子2個が，1–4グリコシド結合[★2]しています。

biochemical words

[★2] **グリコシド結合**
単糖分子のC1原子に結合した−OHと別の分子の−OHとの間で脱水縮合してできたC−O−Cの構造をグリコシド結合という。

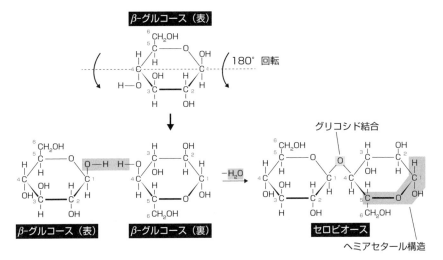

■ ラクトース　$C_{12}H_{22}O_{11}$

　ラクトースは哺乳類の乳汁中に含まれる糖でそれほど甘くないです。ガラクトースとグルコースが脱水縮合した構造をもち水溶液は還元性を示します。ラクターゼにより加水分解されます。

　詳しく述べると，β-ガラクトースの1位の−OHとβ-グルコースの4位の−OHが脱水縮合してラクトースができます。

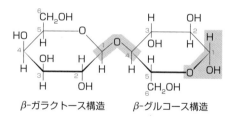

β-ガラクトース構造　　　β-グルコース構造

■ラクトースオペロン

　分子生物で遺伝子発現の調節の例としては，大腸菌のラクトースオペロンが有名です。少しラクトースに関係することなので述べておきましょう。

　大腸菌は培地にグルコースがあるときは，それを利用して増殖します。ところが培地にグルコースが無くなって，ラクトースだけの場合はラクトースを分解する酵素の転写を開始します。

　どのようにして，大腸菌がラクトース分解酵素の遺伝子を発現するようになったのかを説明する考え方を，ラクトースオペロンといいます。

ラクトースオペロン

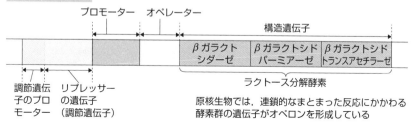

図1　大腸菌の DNA の一部を模式的に示したラクトースオペロン

　図1は大腸菌の DNA の一部を模式的に示したものです。図の横に長く伸びたものは DNA で，そこには左側から**調節遺伝子**（転写を制御するリプレッサーをつくる遺伝子），**プロモーター**（RNA ポリメラーゼが結合する部位），**オペレーター**（調節タンパク質であるリプレッサーが結合する部位）と3種のラクトース分解酵素の遺伝子が配列しています。

　調節遺伝子では抑制タンパク質のリプレッサーがつくられ，これがオペレーターに結合すると RNA ポリメラーゼがプロモーターに結合できず転写が止まってしまいます。その結果，ラクトース分解酵素は合成されませ

ん。

　しかし，ラクトースが培地にある場合，ラクトースの代謝産物のアロラクトースがリプレッサーに結合するとリプレッサーは不活性化し，オペレーターに結合できなくなりオペレーターから解離します。この結果，RNAポリメラーゼがプロモーターに結合することで3種類の酵素遺伝子の転写が開始してラクトース分解酵素が合成されます。

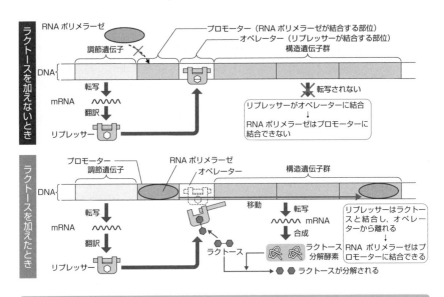

■二糖のまとめ

マルトース	CH$_2$OH ... CH$_2$OH α-グルコース　α-グルコース	還元性あり 水飴など
セロビオース	CH$_2$OH ... OH β-グルコース　β-グルコース（裏）	還元性あり 松の実など
ラクトース	CH$_2$OH ... OH β-ガラクトース　β-グルコース（裏）	還元性あり 乳汁など
スクロース	CH$_2$OH　HOH$_2$C ... α-グルコース　β-フルクトース（裏）	還元性なし サトウキビ など

　　スクロースが還元性を示さないのは，還元性を示す構造をつくる α-グ
ルコースの1番炭素原子と β-フルクトースの2番炭素原子が酸素原子を
はさんで結合しているためです。

3 多糖（類）

多糖

多数の単糖が脱水縮合した構造をもつ物質を多糖[*1]と呼びます。分子量は数万〜数百万に及ぶ高分子化合物です。多糖は，植物の体内で光合成により合成され，生体内に広く分布しています。

一般に水に溶けにくいものが多く，溶けた場合はコロイド溶液になります。多糖は甘味をもたず，還元性を示さないという特徴があります。

多糖には，デンプン，グリコーゲン，セルロースなどがあります。

biochemical words

[*1] 多糖
加水分解により，1分子から最終的に多数の単糖を生じる高分子化合物を多糖という。
一般に水に溶けにくく，還元性がない。また，単糖，二糖と異なり甘味を示さない。

■デンプン $(C_6H_{10}O_5)_n$

デンプンは，多数のグルコースが脱水縮合した高分子化合物です。冷水にほとんど溶けないのですが，80℃程度の温水につけておくと一部のデンプンが溶け出しのり状になります。温水に可溶な成分はアミロース（amylose）と呼ばれ，直鎖状構造をもち，分子量は 10^4〜10^5 程度です。

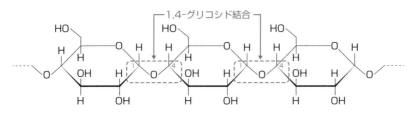

図1　アミロース

一方，温水に不溶な成分はアミロペクチン（amylopectin）と呼ばれ，アミロースが枝分かれした構造をもち，分子量が 10^5〜10^6 程度です。もち米の成分はほとんどがアミロペクチンになります。

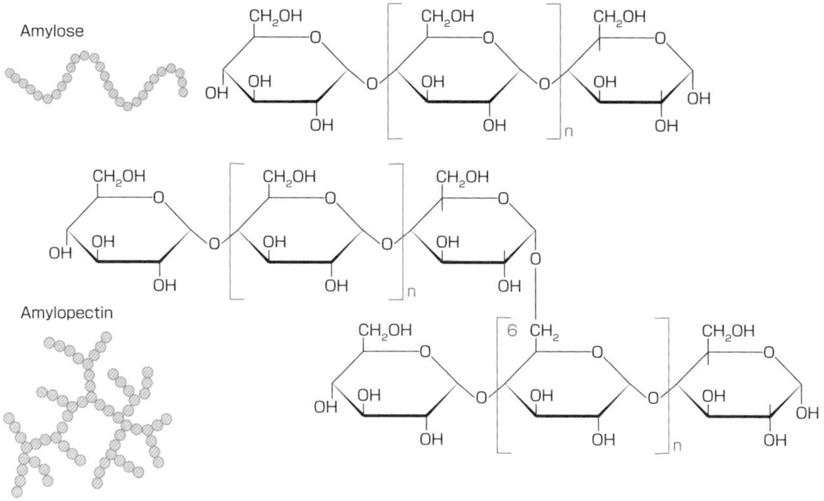

図2 アミロースとアミロペクチン

構造的には，多数の α-グルコースが脱水によって長く結合した構造をもち，分子式 $(C_6H_{10}O_5)_n$ は分子量が $10^2 \sim 10^5$ で，植物体内で光合成によりグルコースからつくられます。

デンプンはアミラーゼにより加水分解され分子量がデンプンよりやや小さなデキストリンを経てマルトースになります。このマルトースはマルターゼによってグルコースに加水分解されます。

アミロースは次のような構造になります。

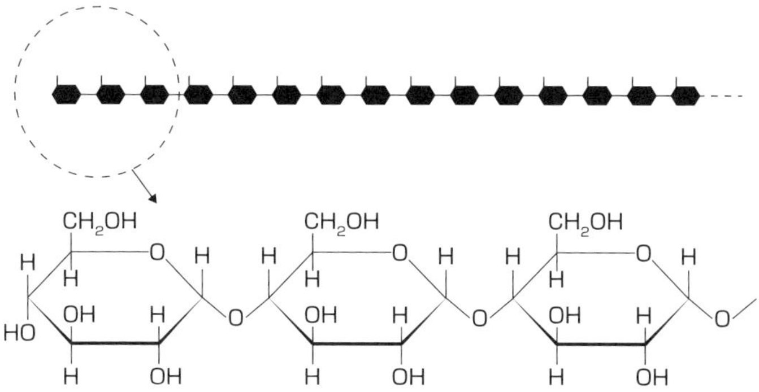

■アミロースとアミロペクチンの構造の違い

　アミロースはα-グルコースが直鎖状に連結しています。アミロペクチンが枝分かれ構造をしているのに対し，アミロースには枝分かれ構造がありません。

アミロペクチン　　　　　　アミロース

　アミロースは，グルコースが1, 4位のみで結合し，直鎖構造をとります。一方，アミロペクチンは，グルコースが1, 4位と1, 6位で結合し枝分かれ構造をしています。

[アミロースの構造]・・1位と4位の−OHで脱水縮合している。

　すべてα-グルコース構造で構成されています。その結果，鎖状に結合した構造をとります。

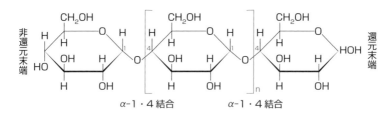

[アミロペクチンの構造]・・多数のグルコースが1位と4位の−OHで脱水縮合する直鎖上の構造と1位と6位の−OHの脱水縮合で形成される枝分かれの構造をあわせもちます。

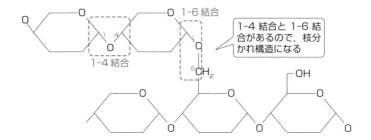

1-6 結合

1-4 結合

1-4 結合と 1-6 結合があるので，枝分かれ構造になる

$^6CH_2$

OH

■ヨウ素デンプン反応

　デンプン水溶液にヨウ素ヨウ化カリウム水溶液を加えると，青～青紫色になります。この反応を**ヨウ素デンプン反応**[2]と呼ばれ，デンプンの検出に用いられます。

　ヨウ素デンプン反応の呈色は種類によって異なり，アミロースは濃青色，アミロペクチンは赤紫色を示します。

biochemical words

[2] ヨウ素デンプン反応

デンプン分子のらせん構造の中にヨウ素分子が入ると，可視光線の一部が吸収されて，その補色が見えることによる。可視光線の波長はおよそ 400 nm～800 nm くらいまでで，波長の短い側から紫・青・緑・黄・橙・赤などと表現される。

■グリコーゲン

　グリコーゲンは動物の肝臓や筋肉に蓄えられている多糖で動物デンプンとも呼ばれます。α-グルコースの縮合重合体の構造をもち，アミロペクチンより枝分かれが多いです。グルコースは，分子全体が球状をしていて水にも溶けます。

　体内では血糖量が減少したときにグリコーゲンが加水分解されてグルコースを血液中に放出されて一定濃度を保つようになっています。これにはインスリン，グルカゴン，アドレナリンといったホルモンや自律神経系が関与しています。

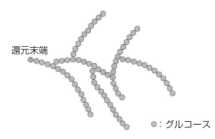

還元末端

●：グルコース

図 3　グリコーゲンの模式図

■ セルロース

　セルロースは植物の細胞壁の主成分で，植物体の質量の 30〜50％を占め，自然界に多量に存在する高分子化合物です。

　セルロースは熱水にも多くの有機溶媒にも溶けません。また，ヨウ素デンプン反応を示しません。セルロースはデンプンに比べて加水分解されにくいですが，希硫酸を加えて長時間加熱すると加水分解されてグルコースになります。

また，セルロースをセルラーゼなどの酵素によって加水分解すると，二糖のセロビオースを経てグルコースが得られます。

　セルロースは多数のグルコースが1位と4位の−OHで脱水縮合しており，すべて β-グルコース構造で構成される高分子化合物です。

■ セルロースの加水分解

　セルロースはヨウ素デンプン反応を示さないことを知っておきましょう。セルロースの加水分解のプロセスは次の通り。

セルロース ⟶ セロビオース ⟶ グルコース

　セルロースはセルラーゼにより，加水分解されて，二糖のセロビオースとなり，さらにセロビアーゼにより単糖のグルコースとなります。

　ヒトはセルラーゼを持たないのでセルロースを消化できず栄養とはならないのですが，食物繊維として便通をよくするなどのはたらきがあります。

 Column　　細胞壁の主成分

　細胞壁の主成分というとセルロースが思いつくかも知れませんが，植物によって，その成分が違っているのです。植物と真菌類（カビの仲間），細菌とでは細胞壁を構成する成分が異なります。植物の細胞壁は主にセルロースやヘミセルロース，リグニンから形成されています。

　一方，真菌類は**キチン**，細菌は糖鎖とペプチドの化合物である**ペプチドグリカン**が主成分となっています。

4 ATP とエネルギー代謝

ATP

ATP のはたらき

　ATP は 1930 年頃，アメリカのフィスケ（Fiske）とサバロウ（Subbarow）とドイツのローマン（Lohmann）によって，筋肉から発見されました。末端の 2 個のリン酸基が切れやすいことは早くから注目されていましたが，このことをエネルギー代謝と関連づけて明快に整理した最初の人物はリップマン（Fritz Albert Lipmann, 1899-1986）です。現在，高エネルギー結合を〜で表しますが，これはリップマンに始まるものです。

リップマン

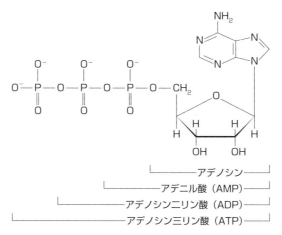

図1　ATP の構造

生体内の ATP の量

　ATP ⇔ ADP ＋リン酸＋エネルギーのように消費されては，また再生することができるのです。このように ATP を合成しては分解し，さらにそれを再生するので，生体内にある ATP はわずかしかありません。この量

はわずか数十グラム，約3分間分の ATP しか存在しませんが，ATP 自体はエネルギーの受け渡しの仲立ちさえすればよいから，少量で間に合うのです。

　常時使っては合成しているので，一日に作られる ATP は体重に相当する量になります。

■ ATP と ADP の構造

　ATP にエネルギーが蓄えられる構造上の理由は，ATP 分子が中性の状態でリン酸どうしが負電荷をもち，これらが互いに反発するためです。それが，ADP と無機リン酸に加水分解すると，電気的なひずみがいくらか解除されます。弓が矢を放って緩んだ状態になると考えることができます。

　ATP の説明では，「高エネルギーリン酸結合にエネルギーが蓄えられる」という言い方をしますが，結合そのものが強固で切断に多くのエネルギーを要するのではなく，むしろ切れやすい結合で切れたときに多くのエネルギーが解放されると考えるほうが正しいのです。

　ATP の高エネルギー結合の形でいったん貯蔵されたエネルギーは，種々の高エネルギー化合物の合成に利用され，さらに転じて多くの生合成反応を駆動しますが，また一方，機械的仕事（運動）や浸透圧的仕事（能動輸送）などの物理的エネルギーにも転換されます。

●ローマン（Karl Lohmann，1898-1978）
　ドイツの生化学者。アデノシン三リン酸 ATP の発見で著名。カイザー・ウィルヘルム医学研究所で O. マイヤーホーフの助手をつとめ，筋収縮や解糖の生化学的研究に従事。筋肉の抽出液を用いて解糖作用を研究する方法をマイヤーホーフが開発し（1925），その後解糖に不可欠で熱に不安定な因子が抽出液に含まれていることが明らかにされ，ローマンはこの因子が ATP であることを突止めました。このほか筋収縮のための直接的なエネルギー供与体として ATP が働くことを解明するなど，エネルギー代謝に関して業績を上げました。

グルコース

■グルコースが不足すると起こる反応

　グルコースがないとエネルギー物質である ATP をつくることが困難になります。そこで，糖新生という反応が起こります。糖新生というのはグルコース以外のものからグルコースを生成する反応で，乳酸，アミノ酸，グリセロールなどの物質を用いて肝臓でグルコースをつくることです。

　糖新生のプロセスについてはのちほど説明をしていきます。

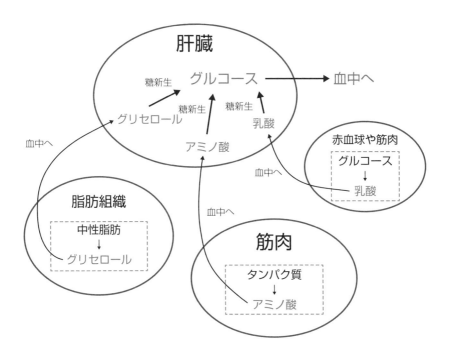

5 解糖系 （glycolytic pathway）

グルコースの解糖

　呼吸を行う生物では，この過程がスタートとなります。食物から摂取したグルコースは解糖系の反応でピルビン酸に代謝され，その過程でATPやNADHが生じます。ピルビン酸やNADHはこの後に続くクエン酸回路・電子伝達系という反応系で利用されます。

　ここでは，グルコースから始まる解糖系について解説をしていきます。まずは全体の反応を眺めてみると，解糖系は大きく2つに分けることができ，前半の反応でグルコースがATPを消費して2分子のグリセルアルデヒド3-リン酸に変換されます。そして後半の反応では，グリセルアルデヒド3-リン酸がピルビン酸に変換され，その過程でATPが合成されます。

　解糖系全体の反応式は

$$\text{グルコース} + 2P_i + 2ADP + 2NAD^+$$
$$\rightarrow 2\,\text{ピルビン酸} + 2ATP + 2NADH + 2H^+ + 2H_2O$$

※ P_i：無機リン酸

2分子のATPの他，2分子のNADHが生じます。

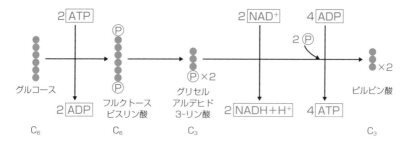

　解糖系を継続的に進行させるには，動物ではピルビン酸→乳酸となる過程でNADHを再び酸化する必要があります。次の図は解糖系の反応のプロセスを示した図です。

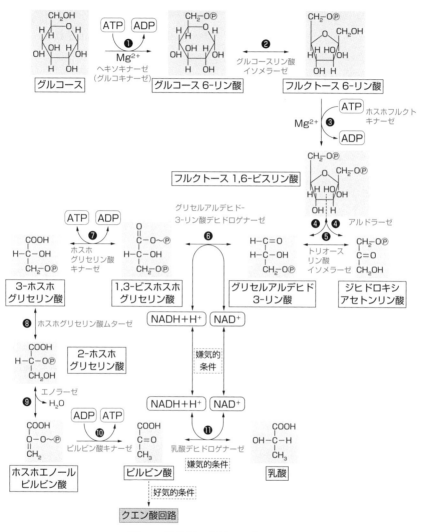

図 1 解糖系の反応のプロセス

❶**グルコースのリン酸化**：グルコースは細胞に取り込まれた後，ヘキソキ
ナーゼによって，リン酸化されてグルコース 6-リン酸となります。この
反応は ATP を消費する不可逆的反応です。

❷**グルコース 6-リン酸の異性化**：グルコース 6-リン酸はグルコース 6-リン酸イソメラーゼによってフルクトース 6-リン酸に異性化されます。この反応は可逆的反応です。

❸**フルクトース 6-リン酸のリン酸化**：フルクトース 6-リン酸はホスホフルクトキナーゼによってさらにリン酸化されて，フルクトース 1,6-ビスリン酸となります。この反応は律速段階となっていて，解糖系の調節で重要な役割を担っています。

❹**フルクトース 1,6-ビスリン酸の開裂**：アルドラーゼによってフルクトース 1,6-ビスリン酸は開裂し，グリセルアルデヒド 3-リン酸とジヒドロキシアセトンリン酸になります。

❺**ジヒドロキシアセトンリン酸の異性化**：ジヒドロキシアセトンリン酸はトリオースリン酸イソメラーゼによってグリセルアルデヒド 3-リン酸に異性化されます。ここまでをまとめると，1分子グルコースから2分子のグリセルアルデヒド 3-リン酸が生じたことになります。

❻**グリセルアルデヒド 3-リン酸の酸化**：グリセルアルデヒド 3-リン酸は，グリセルアルデヒド 3-リン酸デヒドロゲナーゼによって，1,3-ビスホスホグリセリン酸に酸化されます。この反応と共役して NAD^+ が $NADH$ に還元されます。

❼**ATP 産生をともなう 3-ホスホグリセリン酸の合成**：1,3-ビスホスホグリセリン酸には ATP の加水分解より大きなリン酸基転移ポテンシャルをもつ高エネルギーリン酸結合が存在します。ホスホグリセリン酸キナーゼはこの高エネルギーリン酸基を ADP に転移し，3-ホスホグリセリン酸と ATP を与えます。

❽**リン酸基の分子内転移**：ホスホグリセリン酸ムターゼによって，リン酸基の分子内転移が触媒され，3-ホスホグリセリン酸から 2-ホスホグリセリン酸が生じます。

❾ **2-ホスホグリセリン酸の脱水**：2-ホスホグリセリン酸はエノラーゼによって脱水され，ホスホエノールピルビン酸となります。この反応はリン酸基転移ポテンシャルを著しく高め，ホスホエノールピルビン酸は1, 3-ビスホスホグリセリン酸と同じように ATP よりも高いリン酸基転移ポテンシャルをもつようになります。

❿ **ATP 産生をともなうピルビン酸の合成**：ピルビン酸キナーゼによって，ホスホエノールピルビン酸から ADP へと不可逆的にリン酸基が転移し，ピルビン酸と ATP が生じます。

⓫ **NADH の酸化で NAD⁺をつくる**：解糖系が継続的に進行するためには細胞質基質に NAD^+ が十分存在しないといけません。しかし，解糖系の反応が進んでピルビン酸で停止してしまうと NAD^+ の不足で解糖系の停止になります。それを回避するために乳酸デヒドロゲナーゼによってピルビン酸を還元して乳酸を合成します。このときに，NADH の酸化が起こります。この反応は可逆的な反応です。

酸化的脱炭酸

　解糖系でつくられたピルビン酸は，ミトコンドリアのマトリックスに輸送され，そこでピルビン酸デヒドロゲナーゼ複合体のはたらきによってアセチル CoA へと変換されます。その反応の反応式は次の通り。

ピルビン酸＋ CoA ＋ NAD$^+$→アセチル CoA ＋ CO$_2$ ＋ NADH ＋ H$^+$

　この反応は酸化的脱炭酸ともよばれ，ピルビン酸が酸化されて CO$_2$ が脱離するとともにアセチル基が生じます。アセチル基は補酵素 A と結びつき，一方酸化還元反応の結果，NADH が生じます。

　クエン酸回路は H.A. クレブス（Hans Adolf Krebs, 1900-1981）により提唱された，糖，脂肪酸，ケト原性アミノ酸の炭素骨格を酸化する代謝経路です。好気的な条件下でエネルギー獲得に中心的な役割を果たします。真核生物ではミトコンドリア内（マトリックス）で行われます。すなわち，クエン酸回路に関与する酵素はマトリックスに存在します。唯一，コハク酸デヒドロゲナーゼはミトコンドリア内膜に存在します。炭素骨格を酸化する過程で，補酵素 NAD$^+$や FAD を還元して，NADH，FADH$_2$を生成します。生成した還元型補酵素は，電子伝達系での酸化的リン酸化により ATP の産生に利用されます。糖, 脂肪酸, アミノ酸由来のアセチル CoA は，クエン酸シンターゼの作用で，オキサロ酢酸と縮合しクエン酸を生じます。

　クエン酸は，順次，（cis-アコニット酸），イソクエン酸になったのち，脱水素的脱炭酸を受け，2-オキソグルタル酸になります。さらに，脱水素的脱炭酸，CoA の脱離，脱水素，加水などの反応を順次受けて，スクシニル CoA，コハク酸，フマル酸，リンゴ酸を経て，オキサロ酢酸に変換されます。

　回路が 1 回転するあいだに，クエン酸を酸化し 2 分子の二酸化炭素を生じるので，アセチル CoA 由来の炭素骨格は完全に酸化さ

クレブス

れることになります。脱水素反応により補酵素を還元して，NADH を 3 分子，$FADH_2$ を 1 分子産生します。また，エネルギー的に ATP と等価の GTP を 1 分子産生します。

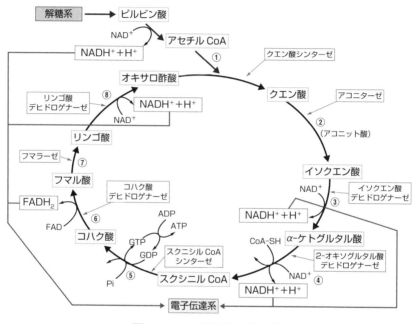

図 1　クエン酸回路の模式図

①**アセチル CoA とオキサロ酢酸からクエン酸の合成**：アセチル CoA（C_2）とオキサロ酢酸（C_4）は，クエン酸シンターゼによって縮合してクエン酸（C_6）になります。

②**クエン酸の異性化**：クエン酸はアコニターゼによって異性化され，イソクエン酸になります。

③**イソクエン酸の酸化的脱炭酸**：イソクエン酸（C_6）はイソクエン酸デヒドロゲナーゼによって，酸化的脱炭酸を受け，α-ケトグルタル酸（C_5）と CO_2 を生じます。この酸化還元反応に伴って NADH1 分子も生じます。

④**α-ケトグルタル酸の酸化的脱炭酸**：α-ケトグルタル酸（C_5）はケトグルタル酸デヒドロゲナーゼ複合体によって酸化的脱炭酸を受け，スクシニル CoA（C_4）と CO_2 を生じます。また，NADH も生じます。この反

応は，ピルビン酸をアセチル CoA に変換する反応と類似していて巨大な酵素複合体のはたらきによって起こります。酸化的脱炭酸によって生じたスクシニル基は補酵素 A と結合します。

⑤**スクシニル CoA の開裂**：スクシニル CoA のチオエステル結合は加水分解され，コハク酸と補酵素 A が生じます。スクシニル CoA のチオエステル結合は高エネルギー結合なので，加水分解と共役して GTP が合成されます。

⑥**コハク酸の酸化**：コハク酸はコハク酸デヒドロゲナーゼによって酸化され，フマル酸になります。それと共役して FAD が還元され $FADH_2$ が生じます。

⑦**フマル酸の水和**：フマル酸は酵素フマラーゼによって水が添加されてリンゴ酸になります。

⑧**リンゴ酸の酸化**：リンゴ酸はリンゴ酸デヒドロゲナーゼによって酸化され，オキサロ酢酸になります。この反応に伴い，NADH1 分子が生じます。

further study

NAD^+と FAD の違い

構造が異なるのはもちろんですが大きな違いとしては，水素の引き抜き方に違いがみられます。

NAD^+は 2 つの H を同時に引き抜き，自分が NADH になりつつ水素イオン H^+を放出します。

FAD は 2 つの H を 1 個ずつ引き抜き $FADH_2$ となります。

NAD^+による脱水素は，基質の末端からと補酵素またはリン酸など反応に関与する他の分子の末端から，というように別の場所からそれぞれ 1 つずつの水素を引き抜く形になる場合が多いのが特徴です。

FAD の脱水素は，基質の同じ辺りの単純な部位から 2 つの H を引き抜くような場合が主となります。

■ CoA とは何か？

コエンザイムは，補酵素の意味で酵素のはたらきを補助する化学物質をいいます。CoA 自体はビタミンからなる物質で，酵素ではありませんが酵素反応に参加しているので補酵素と呼ばれます。この CoA（コエンザイム A）のアルファベットの A は特に意味があるわけではなく，最初に発見された物質なので CoA と A がついています。

電子伝達

■電子伝達系

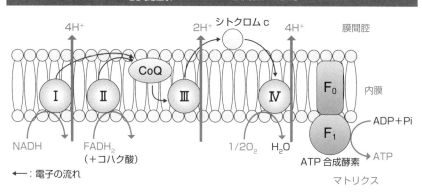

電子伝達系における H+ の膜間腔への移動

電子伝達では，最初の電子供与体となるのは NADH と FADH$_2$ であり，最後の電子受容体となるのは，O$_2$ です。NADH から電子を受け取るのは図の複合体 I で，電子は複合体 I からさらに複合体 III，複合体 IV を通って流れていきます。一方 FADH$_2$ の電子は複合体 II から複合体 III，複合体 IV を通って流れていきます。そして電子は最終的に複合体 IV から O$_2$ へと受け渡されます。

複合体 I ～ IV の他に補酵素 Q（CoQ）ならびにシトクロム c という可動性の電子伝達も重要な役割を果たしています。CoQ はミトコンドリアの内膜に存在する低分子の酸化還元補酵素であり，複合体 II と複合体 III の間を往復して電子を伝達しています。

■ ATP の合成

電子伝達自体は ATP 合成には直接かかわりません。"では，実際にどのようにして ATP 合成が行われるか"については，「化学共役説」と「化学浸透説」の間で議論がありました。化学共役説では，何らかの高エネルギー中間体が化学反応を経て ATP の合成につながって起こると考え，一方化学浸透説では，膜を隔てた水素イオン（プロトン）の濃度勾配という高エネルギー「状態」が ATP の合成につながると考えるものです。

ミッチェル（イギリス）が1961年に化学浸透説を提唱したのですが，実験的根拠に多少疑問があり完全に支持されることは得られませんでした。しかし，ミッチェルのこの考えを学会で聞いていたヤーゲンドルフ（アメリカ）は，水素イオンの濃度勾配がATPを合成するならば，pHの差を人工的につくれば，ATPが合成されるはずと考えつきました。

　そこで，ミトコンドリアより単離が容易な葉緑体を用い，葉緑体の懸濁液を酸性溶液に慣らした後，アルカリ性の溶液に縣濁し直すことで，暗所でもATPが合成されることを1967年に示しました。この結果は化学浸透説が正しいことを示すとともに，ミトコンドリアと葉緑体では同じメカニズムでATPが合成されることを示しています。

　ミッチェルは化学浸透説を提唱した業績により1978年にノーベル化学賞を受賞しています。この考えでは，電子伝達に伴ってH^+が内膜を横切って，膜間腔側へと輸送され，この結果H^+の濃度勾配が生じ，H^+はATP合成酵素を移動してくることでATPが合成されています。

■ ATP シンターゼ

生命活動の化学エネルギー通貨として用いられるATPは，ATPシンターゼによって生成されます。ATPシンターゼはF_0とF_1という2つの構成要素からなっています（図1）。

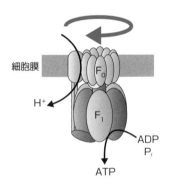

図1　ATP シンターゼ

　このF_0部分はサブユニットが円形に並んだモーターのような構造で，膜電位差によって回転します。この回転に伴ってF_1部分でADPからATPが生成されます。

　ATP は生物がエネルギーを必要とする時に用いている「エネルギー通貨」とよぶべき物質です。「ATP 合成酵素（F_0F_1）」は，ミトコンドリアや葉緑体の膜に存在し，生物にとって必要な ATP を合成しています。これらのオルガネラ（細胞内小器官）の内外のプロトンの濃度差を騒動力として，ATP 合成酵素は ADP と無機リン酸から ATP を合成する膜酵素です。この酵素の膜から外へ突き出ている F_1 部分は ATP を分解あるいは合成するという触媒反応を行っています（図1）。

　一方，F_0 部分は膜の中にあり，プロトンの通り道になっています。ATP 合成酵素はシナプス小胞やリソソーム等のオルガネラの内部を酸性にしている液胞型 ATPase ときわめてよく似ています。

　ATP 合成酵素（F_0F_1）は分子量 50 万を越える蛋白質複合体であり，F_1 は α，β，γ，δ，ε サブユニット（構成タンパク）より，F_0 は a，b，c のサブユニットより構成されています（図2）。

　ATP の分解・合成を行っているのは β サブユニットです。1つの ATP 合成酵素に3分子存在する β サブユニットは，ATP が結合した状態，ADP が結合した状態，何も結合していない状態をとっています。3分子の β サブユニットはこのような状態を次々にとることによって反応を進めています。

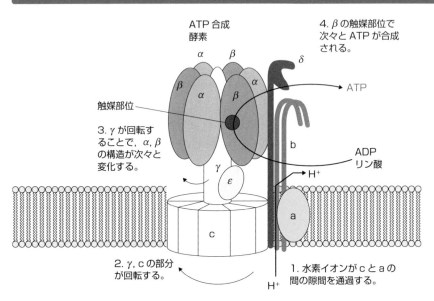

図2　ATP合成酵素

ATP合成に伴って流入するプロトンの個数から，概数ですが

NADH　1分子の酸化にともなってATPは約3分子合成されます。

FADH$_2$　1分子の酸化にともなってATPは約2分子合成されます。

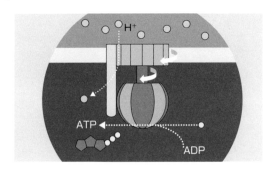

脂質代謝・
タンパク質代謝・
核酸代謝

Lipid Metabolism,

Protein Metabolism and

Nucleic Acid Metabolism

1 脂質代謝

脂質の種類

■脂質とは

　基本的には，分子中に長鎖脂肪酸や炭化水素鎖をもつ物質のことで，水には不溶で，有機溶媒に溶けやすい有機化合物を「脂質」といいます。

　脂質にはさまざまな種類があり，生体内で重要な機能を果たしているのは脂肪，リン脂質，ステロイドです。脂肪はエネルギーを貯蔵し，リン脂質は膜構造の主要素です。ステロイドはホルモンの成分となります。

　脂質のほうが脂肪を含めた広い概念であることに注意しておきましょう。このことから，呼吸の分野で問われる呼吸商は，脂質の呼吸商ではなく，脂肪の呼吸商というのが正しいことになります。基本的に脂肪は呼吸基質になりえますが，リン脂質やステロイドは呼吸基質として扱うことはありません。

■脂肪とはどんな物質か

　脂肪は1分子のグリセリンと3分子の脂肪酸でできています。言うならば，脂肪とはグリセリンと脂肪酸のエステル（グリセリンの水酸基と脂肪酸のカルボキシ基から水が抜けて結合した物質）と考えて問題ありません。

　だから分解すると構成物質であるグリセリンや脂肪酸の関連物質が出てきます。体内では加水分解され脂肪酸とモノグリセリドになります。これは生命活動のエネルギー源となるものです。脂肪はいくつかに分類可能で，中性脂肪，体脂肪，皮下脂肪，内臓脂肪などに分けることができます。

■中性脂肪

　中性脂肪は，脂肪細胞の中に蓄えられているエネルギーです。物質には，酸性やアルカリ性といった性質があります。中性脂肪は酸性でもアルカリ性でもなく，その中間の性質を持つ中性であるため，中性脂肪といいます。

■体脂肪

　体脂肪は体内にある脂肪のすべてを指す言葉です。体脂肪は血液中の脂肪である中性脂肪がもとになっており，蓄積される部位によって，内臓脂肪と皮下脂肪に分けられます。

（1）皮下脂肪

　皮下脂肪は皮膚のすぐ下にある脂肪です。指でつまむことができます。特にお尻や太ももなど下半身に集中してつくため，皮下脂肪が多い肥満の体型は，洋ナシ型肥満とよばれることがあります。皮膚のすぐ下に蓄積さ

れやすく，見た目にも脂肪がついていることがわかりやすいでしょう。

　皮下脂肪は，少しずつ蓄積され，体温の維持や，内臓や骨を保護する働きがあるため，落としにくいという特徴があります。男性より女性の方が増えやすいといった特徴があります。

(2) 内臓脂肪

　内臓脂肪は，一般的に，腸の周りにある薄い膜（腸間膜）の周りにあり，食べすぎなどで使いきれなかった中性脂肪が内臓脂肪として蓄えられていきます。

　脂肪は体にエネルギーを貯めておく役割があるため，ゼロになることはありません。しかし，蓄積されると見た目が気になるだけでなく，健康にも悪影響を及ぼすため，適切に保つ必要があるでしょう。メタボリックシンドロームの原因は，この内臓脂肪がつきすぎてしまうことです。

　血液検査で中性脂肪値が重視されるのはこのためで，**日本動脈硬化学会では，150 mg/dl を注意ライン**としています。この状態が続くと，それだけ体に負担がかかっていることになります。そして実は，身体中にあふれだした中性脂肪がなんと**内臓脂肪・皮下脂肪へと変化**するのです。

　元々，中性脂肪は血液中に存在するため見た目には現れないのですが，時間が経つごとに別の形となり表面化していると考えることができます。

内臓脂肪や皮下脂肪はなぜ増える？

■ 3つの原因

(1) 摂取エネルギー過多が原因

　内臓脂肪や皮下脂肪が増えるおもな原因は，消費エネルギーより摂取エネルギーが多くなることです。高カロリーな食事を続ければ，食事で摂ったエネルギーは消費しきれないことも多いでしょう。余ったエネルギーは，脂肪として体内に蓄積されてしまいます。

(2) 基礎代謝量の低下が原因

　摂取エネルギーが適切でも，基礎代謝量の低下によって消費が追い付かなくなることがあります。

　基礎代謝とは呼吸や体温維持など，生きているだけで消費されるエネルギーのことです。基礎代謝量は，加齢や運動不足などで筋肉量が低下する

ことで減少します。基礎代謝量が低下し，摂取エネルギーが消費エネルギーを上回った結果，体に脂肪が蓄積されてしまいます。

(3) 睡眠不足が原因

　睡眠不足も内臓脂肪が蓄積する原因といわれています。睡眠不足になると，満腹を感じさせるホルモンが減少し，さらに食欲を増進させるホルモンが増加します。体が脂肪を蓄積しやすい環境になってしまうのです。

　また，十分な睡眠がとれないと疲れがとれず，体を動かす機会が減りがちとなり，摂取したエネルギーを消費しきれずに脂肪が蓄積するという悪循環に陥ります。

脂質の構造

　三大栄養素の脂質は1グラムあたり9キロカロリーと，三大栄養素の中でも最も高いエネルギーを得ることができます。脂質は水に溶けずにエーテル，クロロホルムなどの有機溶媒に溶ける物質で，炭素，水素，酸素で構成されています。

　脂質は重要なエネルギー源だけでなく，ホルモンや細胞膜，核膜を構成したり，皮下脂肪として，臓器を保護したり，体を寒冷から守ったりする働きもあります。また，脂溶性ビタミン（ビタミンA・D・E・K）の吸収を促すなど，重要な役割を担っています。

　脂質は私たちの体にとっては欠かせない三大栄養素の1つです。しかし，脂質は摂り過ぎると肥満などの原因になるため注意が必要です。

■脂質の種類（構造的側面）

　脂質は，化学構造の違いによって，単純脂質（中性脂肪），複合脂質（リン脂質，糖脂質，リポタンパク質），誘導脂質（ステロール類）の3種類に分類されます。

　また，単純脂質，複合脂質，誘導脂質などの脂質を構成している重要な要素が脂肪酸です。脂肪酸は炭素と水素が結合し1本の鎖状になったもの（炭化水素鎖）の末端にカルボキシル基（-COOH）が結合しています。炭化水素鎖の長さや，二重結合の有無の違いにより，多くの種類の脂肪酸があり，どんな脂肪酸が含まれているのかによって，その脂質の性質も変わってきます。

　二重結合がないものを飽和脂肪酸，また，二重結合があるものを不飽和

脂肪酸と言い，そのうち，二重結合が１つのものを一価不飽和脂肪酸，二重結合が２つ以上のものを多価不飽和脂肪酸と言います。さらに多価不飽和脂肪酸は，二重結合の部分が炭化水素鎖のメチル基（$-CH_3$）末端から何番目にあるかによって分類され，たとえば，３番目にあるものを n-3 系脂肪酸（オメガ３脂肪酸），６番目にあるものを n-6 系脂肪酸（オメガ６脂肪酸）といいます。

飽和脂肪酸と不飽和脂肪酸

■飽和脂肪酸はどのようなものに多い？

　飽和脂肪酸は，肉類や乳製品に多く含まれている脂肪です。飽和脂肪酸を多く含む脂肪は融点（個体が液体になる温度）が高いので，常温でも固体であることが多いのが特徴です。

　飽和脂肪酸は，肉類に多く含まれているステアリン酸・パルミチン酸・ミリスチン酸，バターに多く含まれている酪酸，ヤシ油に多く含まれているラウリン酸などがあります。

　飽和脂肪酸は中性脂肪やコレステロールなどの血液中の脂質濃度の上昇に深く関係しており，脂質異常症や動脈硬化との関連が高い脂肪酸と考えられています。

■不飽和脂肪酸を含むものは？

　一価不飽和脂肪酸のオレイン酸は善玉コレステロールを下げずに総コレステロールを下げるという働きがあり，動脈硬化予防にも注目されています。オレイン酸は体内で酸化しにくいという性質もあるので，人体にとって有害な過酸化脂質をつくりにくいのが特徴です。

　地中海周辺の国々では心疾患による死亡率が低いのは，オレイン酸が多く含まれているオリーブ油を日常的に摂取しているからといわれています。

　また，多価不飽和脂肪酸は，健康を維持するうえで必要となる必須脂肪酸が含まれています。

■脂肪酸の酸化

　脂肪酸の酸化は，２個の炭素原子からなるアセチル CoA 単位ですが，脂肪酸から連続的に開裂する過程によって進行します。この過程を β 酸化といいます。

　脂肪酸の酸化は，脂肪酸が補酵素 A により，チオエステルに変換され

ることから始まります。この反応はエネルギーを必要とする過程で，ATP
が加水分解されて AMP が生成する反応によって供給されます。つまり，
先行投資として 2 分子の ATP を消費することと同じエネルギーが投入さ
れることになります。

　たとえば，パルミチン酸を例として具体的に考えてみましょう。
　炭素数 16 のパルミチン酸は 7 回の β 酸化により，炭素 2 個ずつ切り離されるので，
8 分子のアセチル CoA へ分解されます。1 回の β 酸化で 1 分子の NADH，FADH$_2$
が生じます。また 1 分子のアセチル CoA は，クエン酸回路で，3 分子の NADH，1
分子の FADH$_2$，1 分子の ATP が生じます。
　この部分は重要です。基本的に 1 分子のグルコースを基準にした反応式では，解糖
系で
　　$C_6H_{12}O_6 + 2NAD^+ \rightarrow 2C_3H_4O_3 + 2(NADH+H^+) + 2ATP$
このピルビン酸 2 分子がミトコンドリアのマトリックスに送られて，
　　$2C_3H_4O_3 + 6H_2O + 8NAD^+ + 2FAD$
　　　　　　　　$\rightarrow 6CO_2 + 8(NADH+H^+) + 2FADH_2 + 2ATP$
2 分子のピルビン酸ではなく 1 分子のアセチル COA の場合，クエン酸回路で生じる
NADH は 3 分子，FADH$_2$ は 1 分子，さらに基質レベルのリン酸化で生じる ATP も
1 分子となります。つまりアセチル CoA 1 分子からスタートすると，
　　アセチル COA $+ 3H_2O + 3NAD^+ + FAD$
　　　　　　　　$\rightarrow 2CO_2 + 3(NADH+H^+) + FADH_2 + 1ATP$

　以上をまとめると，パルミチン酸 1 分子が CO_2 に分解される過程で，
　　NADH：(7+3×8)＝31 分子
　　FADH$_2$：(7+1×8)＝15 分子
　　ATP　：8 分子
が合成されます。NADH から 3 分子の ATP，FADH$_2$ から 2 分子の ATP が合成さ
れると仮定すると，
　　合計 (31×3)＋(15×2)＋8＝131 分子の ATP
が合成されます。
　β 酸化の最初の段階である，パルミチン酸からパルミトイル複合体（パルミトイル
-CoA）が生成する過程で，1 分子の ATP が AMP へ変換されます。エネルギー的に
は ATP 2 分子を消費したのに等しいので，よって収支を考えるとトータル 129 分子
の ATP が生産されたことになります。

　また，試験問題によっては，NADH 1 分子から 2.5 分子の ATP が，
FADH$_2$ 1 分子からは 1.5 分子の ATP が生じるという設定の問題もありま

す。

この場合の計算を次の β 酸化の演習問題で実際にしてみましょう。

演習問題 脂肪酸は細胞内で活性化された後，β 酸化という反応を経てエネルギーを生み出す。1回の β 酸化で脂肪酸の炭素鎖の端の炭素2個ずつが切り取られ，1分子のアセチル CoA（活性酢酸）を生じ，同時に1分子の NADH と1分子の $FADH_2$ が生じる（以下の図を参照）。酸素存在下でアセチル CoA はミトコンドリアのクエン酸回路に入り代謝される。各過程で生じた還元型補酵素は電子伝達系で ATP を産生するのに使用される。a 炭素16個からなる脂肪酸であるパルミチン酸（$C_{15}H_{31}COOH$）は，図のように β 酸化ができなくなるまで何回かの β 酸化が繰り返されることによって完全に分解され，エネルギーを生み出す。

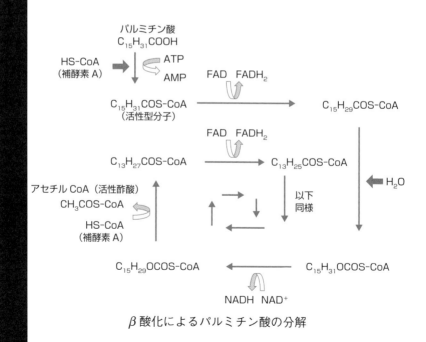

β 酸化によるパルミチン酸の分解

問1 下線部 a の反応について, 以下の(1)〜(4)に答えなさい。ただし, ここでは NADH と $FADH_2$ からは電子伝達系においてそれぞれ 2.5 ATP と 1.5 ATP が合成されるものとする。また, 1分子の ATP から AMP ができる反応は 2 分子の ATP を消費するものとして計算しなさい。

(1) 完全な β 酸化によって, 1分子のパルミチン酸から何分子の $FADH_2$ が合成されるか答えなさい。

(2) またその時, アセチル CoA は合計何分子合成されるか答えなさい。

(3) 1分子のアセチル CoA からクエン酸回路と電子伝達系の反応を経て合計何分子の ATP が合成されるか答えなさい。

(4) 1分子のパルミチン酸が活性化され, 完全に β 酸化されて呼吸基質として使用された場合, それらの過程で生じた還元型補酵素による酸化的リン酸化を含めて最終的に合計何分子の ATP が合成されるか答えなさい。

問2 パルミチン酸が呼吸基質として使用された時の理論的な呼吸商はいくらになるかを答えなさい。ただし, 小数点第4位を四捨五入しなさい。

問3 脂質に関して誤っている記述をすべて選びなさい。
(1) 胆汁に含まれるリパーゼにより, 脂肪が分解される。
(2) 脂肪の呼吸商は, タンパク質の呼吸商より大きい。
(3) リン脂質は細胞膜の主成分である。
(4) 生体膜は脂質の二重層とタンパク質からなり, 流動的である。
(5) 大腸の柔毛で吸収された脂肪は, 主にリンパ管に入る。
(6) 哺乳類の細胞を構成する物質では質量比で脂質が2番目に多い。

解答

問1 (1) 7分子 (2) 8分子 (3) 10分子 (4) 106分子

問2 0.696 問3 (1), (2), (5), (6)

128

正解へのアプローチ

問 1　(1)　パルミチン酸は C 数 16 個なので β 酸化が 7 回起きる。1 回の β 酸化で $FADH_2$ 1 分子が生じるので，β 酸化の回数分だけ $FADH_2$ ができ，7 分子生じる。

(2)　$16 \div 2 = 8$ 分子より，8 分子のアセチル CoA が生じる。

(3)　問われているのはクエン酸回路と電子伝達系での ATP 合成であるから，まず 1 分子のアセチル CoA からは，クエン酸回路では 3 分子の NADH と 1 分子の $FADH_2$ が生じ，これが電子伝達系に送られて酸化的リン酸化で $2.5 \times 3 + 1.5 \times 1 = 9.0$ 分子の ATP，またクエン酸回路で 1 分子の ATP が生じるので合計 10 分子の ATP が生じる。

(4)　パルミチン酸 1 分子から，アセチル CoA 8 分子が生じる。その過程で 7 分子の NADH と 7 分子の $FADH_2$ が生じる。

アセチル CoA 1 分子からクエン酸回路と電子伝達系で生じる ATP は (3) より 10 分子なので，8 分子のアセチル CoA からは 80 分子の ATP が生じる。

また，β 酸化の過程で生じた NADH と $FADH_2$ はそれぞれ 7 分子ずつ，これが電子伝達系に送られて，$2.5 \times 7 + 1.5 \times 7 = 28$ 分子の ATP ができる。

また，β 酸化の際にパルミチン酸の活性化に ATP 2 分子が消費されるので，最終的に合成される（差し引きの）ATP は $80 + 28 - 2 = 106$ 分子

問 2　呼吸商は呼吸によって放出される CO_2 量を消費される O_2 量で割った値である。この場合実験データが出ていないので，化学反応式を書いてモル数で考えていけばよい。

$$C_{16}H_{32}O_2 + 23O_2 \rightarrow 16CO_2 + 16H_2O$$

呼吸商は $\dfrac{16}{23} = 0.6956\cdots = 0.696$

問 3　(1)　胆汁には酵素リパーゼは含まれないので誤り。(2)　脂肪の呼吸商は 0.7 程度で，タンパク質の呼吸商 0.8 より小さいので

誤り。(3) 細胞膜の主成分となるのはリン脂質なので正しい。(4) 生体膜は脂質二重層からなり，その中にタンパク質が流動的に埋め込まれた構造をしているので正しい。(5) 大腸の柔毛ではなく，小腸の柔毛から吸収された脂肪がリンパ管にはいるので誤り。(6) 哺乳類の細胞を構成する物質で最も多いのは水，次に多いのがタンパク質なので誤り。

※もっとも最近の説に従うと，NADH や $FADH_2$ から合成される ATP 量は実際にはもっと少なく，ミトコンドリアから ATP を輸送される際のエネルギーロスを考えると，104 分子，あるいは 96.5 分子の ATP しか合成できないことがわかってきています。

POINT

「生物は物質を貯蔵する場合，炭水化物よりは脂肪として貯蔵することが多い。この理由は何か」このような内容の定期試験や編入試験が多くみられます。これは，脂肪の方がエネルギー生成量が多いことを述べるのですが，それぞれの単位物質あたりのATP 生成量を比較して論理を展開すればよいです。

グルコースでは 1 mol（180 g）につき ATP は，最大で 38 mol です。パルミチン酸では 1 mol（256 g）につき 106 mol となり，それぞれ 1 g あたりでは，グルコースは 0.211 mol，パルミチン酸では 0.414 mol で 1.96 倍の ATP 生成となりますから，約 2 倍もの ATP を生成することができるので脂質にして貯蔵することになります。

2 タンパク質代謝

タンパク質の消化の過程

■タンパク質の消化

　タンパク質の消化は胃で行われます。このはたらきをする酵素がペプシンです。ペプシンは同時に分泌されるペプシノーゲンの一部を切り取られ活性型のペプシンになってタンパク質の分解を行います。

　胃の中は強酸性ですが，ペプシンは酸による変性を受けない構造をしています。ペプシンによっておおまかに切断されたペプチドは十二指腸に送られます。

■十二指腸でのタンパク質の分解

　胃で短く切断されたタンパク質は，次に十二指腸に送られ，膵臓から十二指腸に分泌された膵液と出会います。膵液中には，トリプシンとキモトリプシンというタンパク質を分解する消化酵素が含まれています。この2つの酵素が，胃から送られてきた短い鎖のタンパク質を分解し，さらに短くします。

　トリプシン，キモトリプシン，ペプチダーゼなど，中性下で働くタンパク質分解酵素を含む膵液は，消化液中最も強力といわれています。

　食物は回腸へ進みながらアミノ酸やアミノ酸がいくつかつながったペプチドの形に分解されます。空腸に着く頃にはほとんどがアミノ酸に分解され，小腸上皮粘膜から吸収され，血液によって肝臓へ送られます。

 Column　外分泌

　外分泌という言葉を聞いたことがあると思いますが，外分泌腺から，分泌物が排出管を通って体外に排出されます。汗腺・消化腺・唾腺などがあります。汗は確かに体外に排出されるのはわかりますが，消化腺から出る胃液や膵液のような消化液は体外に出るの？　と不思議に思ったことがありませんか？

　これは，消化管は口から肛門まで1本の管でつながっています。そうなると消化管の中は実は外部とつながっていることになりますから，ここは体外ということになります。

アミノ酸

■吸収されたアミノ酸の利用

アミノ酸は小腸から吸収され，毛細血管が合流して門脈とよばれる1つの太い血管となり肝臓に送られます。肝臓では，糖新生に利用することがまず行われます。脳はグルコースしか代謝に利用できないので，血糖値が低下するとアミノ酸から糖を合成する糖新生が活発に行われます。

アミノ酸が代謝されるとき，炭素部分は「糖新生」や「ケトン体の合成」に使用されます。この2つの働きは，どちらも糖分などを使わずにエネルギーを生み出す仕組みです。

「ケトン体の合成」では，アミノ酸がケトン体となることで，体の蓄えがなくなってしまった時に備えます。

ケトン体とは「アセト酢酸」「β-ヒドロキシ酪酸」「アセトン」という3つの物質の総称であり，糖さえも使い切ってしまった時のエネルギー源となります。

脳で使えるエネルギー源はグルコースがメインですが，脂肪を分解することで得られる脂肪酸は脳では使えません。しかしケトン体は使えるため，体にとってとても重要な仕組みです。

■必須アミノ酸

動物には，自分自身では合成不可能なアミノ酸があります。必須アミノ酸（不可欠アミノ酸）とよばれるもので，これは食事から摂取する必要があります。トリプトファン・ロイシン・リシン・バリン・トレオニン・フェニルアラニン・メチオニン・イソロイシン・ヒスチジンの9種類のアミノ酸がそれにあたります。それ以外の11種類のアミノ酸は非必須アミノ酸とよばれます。

■非必須アミノ酸の合成

非必須アミノ酸の材料となるのは，α-ケト酸であり，クエン酸回路の中間体から供給されます。代表的なケト酸である**グルタミン酸（Glu）**は，グルタミン酸脱水素酵素（グルタミン酸デヒドロゲナーゼ：glutamate dehydrogenase：GDH，または，GLDH）によって，アンモニア（NH_3）とα-ケトグルタル酸（2-オキソグルタル酸）から生成されます。

肝臓では，GDHによってアンモニアが処理され，グルタミン酸が生成

されます。

　また，**グルタミン（Gln）**は，グルタミン合成酵素の作用で，グルタミン酸とアンモニアから ATP を利用して合成されます。

$$グルタミン酸 + NH_3 + ATP \rightleftharpoons グルタミン + ADP + P_i$$

　この反応は，有毒な遊離のアンモニアを無毒なグルタミンに変えるという点で，アミノ酸代謝上重要です。脳や筋肉では，この反応によってアンモニアをグルタミンの形で尿中へ放出します。

　その他，いくつかのアミノ酸の合成を具体的にみてみましょう。

名称	略称	合成のしくみ
アスパラギン酸	Asp	オキサロ酢酸に，アスパラギン酸アミノ基転移酵素の作用でのアミノ基転移反応によってグルタミン酸からアミノ基が渡されて，合成される。
アスパラギン	Asn	アスパラギン合成酵素の作用でアスパラギン酸から合成される。反応式は以下の通り。 グルタミン＋アスパラギン酸＋ATP＋H_2O 　　　　　$\rightleftharpoons$グルタミン酸＋アスパラギン＋AMP＋PP_i
チロシン	Tyr	フェニルアラニンより，フェニルアラニン 4-モノオキシゲナーゼの作用で合成される。フェニルアラニンは必須のアミノ酸だが，チロシンはフェニルアラニンを十分含む食事をしている限り問題にはならない。
グリシン	Gly	セリンヒドロキシメチルトランスフェラーゼの作用でセリンから合成される。
システイン	Cys	必須アミノ酸であるメチオニンと非必須アミノ酸であるセリンから合成される。システインのS（硫黄）はメチオニンから，炭素骨格はセリンからきている。
ヒスチジン	His	ヒスチジンはアデニル酸，グルタミン，リボース 5-リン酸から合成される。発育期では必須アミノ酸のため，幼児の場合，必須アミノ酸はこのヒスチジンを加えた 10 種類のアミノ酸となる。

■エネルギー分子の合成

　α-ケト酸は，アミノ酸の種類ごとに異なる経路で代謝され，糖や脂質の代謝中間体に変換されます。具体的には，ピルビン酸，α-ケトグルタル酸，スクシニル CoA，フマル酸，オキサロ酢酸，アセチル CoA，アセトアセ

チル CoA がアミノ酸分解の最終産物となっています。

　これら 7 種類の化合物のうち，ピルビン酸とクエン酸回路の代謝中間体は糖新生によってグルコースに変換されます。一方，アセチル CoA とアセトアセチル CoA は糖新生に向かわず，脂肪酸の合成や ATP の産生等に利用されます。

　このように，あとの代謝経路が異なることから，グルコースに再利用されうるアミノ酸を糖原性アミノ酸，アセチル CoA やアセトアセチル CoA を与えるアミノ酸をケト原性アミノ酸とよんで区別します。複数の代謝経路をもち，両方に分類されるアミノ酸も何種類か存在します。

糖新生

■糖原性アミノ酸とケト原性アミノ酸の違い

　糖原性アミノ酸とケト原性アミノ酸の違いは「エネルギーを生み出すために使われる代謝経路が違う」ということです。

　糖原性アミノ酸は，糖へと変わることができるアミノ酸を指します。つまり糖新生を行うアミノ酸のことです。

　一方，ケト原性アミノ酸は，ケトン体へ変わることができるアミノ酸を指します。アミノ酸によって両方の働きを兼ねるもの，片方でしか働けないものがあります。

■糖原性アミノ酸の分解代謝

　図のように，リシンとロイシンを除く 18 種類のアミノ酸は，糖原性アミノ酸です。

　たとえば，アラニンはピルビン酸に変えられますが，このときアミノ基転移という反応を行います。2-オキソグルタル酸にアラニンのアミノ基が移動します。アラニンはアミノ基がとれてカルボキシ基だけが残り，アミノ基のあった部分はケトン（=CO）となって，ケト酸であるピルビン酸となります。

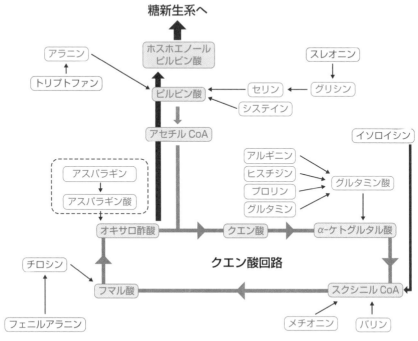

図 1　糖原性アミノ酸の代謝経路

■ケト原性アミノ酸の代謝

　ケト原性アミノ酸はケトン体になることで，脳やその他の細胞の緊急時のエネルギー源として有効活用されます。

　ケトン体とは，アセト酢酸，β-ヒドロキシ酪酸，アセトンの 3 つの物質の総称で，糖が枯渇した時の重要なエネルギー源なのです。

　ケト原性アミノ酸は**ロイシンとリシン**です。ただし，糖原性かつケト原性のアミノ酸には，**トリプトファン，リシン，ロイシン，チロシン，フェニルアラニン，イソロイシン，トレオニン**があります。これらの代謝経路は次のようになります。

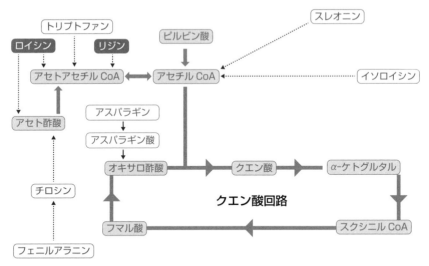

図2　ケト原性アミノ酸の代謝経路

3　核酸代謝

核酸分解酵素

■核酸の分解

　核酸分解酵素ヌクレアーゼ（nuclease）はDNAやRNAを切断・分解する酵素です。RNAを分解するものをリボヌクレアーゼ（RNase），DNAを分解するものをデオキシリボヌクレアーゼ（DNase）といいます。

　5′または3′末端から順にヌクレオチドをはずしていく酵素をエキソヌクレアーゼ（exonuclease），ヌクレオチド鎖の途中を切断する酵素をエンドヌクレアーゼ（endonuclease）といいます。

　ヌクレアーゼはホスホジエステル結合のどちら側を分解するかで，2つの型があり，DNaseの場合，一本鎖を切断する酵素と二本鎖を切断する酵素があります。これらの酵素は，遺伝子工学の道具として広く用いられています。

■ヌクレオチドの合成

　ヌクレオチドはDNAやRNAを構成する基本単位で，リン酸＋糖＋塩基の構成物質からなります。塩基には，プリン（アデニン，グアニン）とピリミジン（シトシン，ウラシル，チミン）の2種類ありますが，その代謝経路が違っています。

　また，ヌクレオチドの合成には，新たな塩基を合成する新規（de novo）合成経路と，すでにある塩基を再利用するサルベージ経路の2つがあります。

■サルベージ経路

　プリンリボヌクレオチドは，いったん塩基が切り離されてから，尿酸の形で捨て去られていくのですが，リボヌクレオチドの使用頻度が高い臓器では，塩基をもう一度拾い上げて，プリンヌクレオチドに作り直す経路が存在します。

　脳や肝臓などの臓器では，常に大量のタンパク質が合成されています。そのためには，設計図となるmRNAも大量につくられている必要があります。そのため大量のリボヌクレオチドが必要となります。いったん捨てられる運命にあった塩基を再利用する経路をサルベージ経路といいます。

　核酸は最終的にリボースと遊離塩基へと分解されます（核酸の異化代謝）。遊離塩基の大半は排泄されますが，一部は再利用され，核酸のサルベー

ジ（salvage）合成経路でヌクレオチドへと変換されます。

HGPRT：ヒポキサンチン・グアニンホスホリボシルトランスフェラーゼはプリン代謝に
　　　　関与する酵素の1つ。酵素学的には HPRT（ヒポキサンチンホスホリボシル
　　　　トランスフェラーゼ）と呼ばれる。

図1　サルベージ経路

合成経路

■プリンヌクレオチドの合成

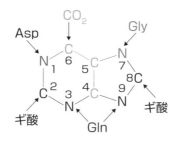

　ペントースリン酸経路から供給される D-リ
ボース-5-リン酸は 1´-OH 基がピロリン酸化さ
れ，**5-ホスホリボシル-1a-ニリン酸（PRPP）**
になります。プリンヌクレオチドは PRPP を土
台に，プリン骨格を次々と組み立ててつくられ
ます。これをヌクレオチドの **de novo 合成**★と

biochemical words

★de novo 合成
生物の代謝経路においてある物
質が，原料となる別の物質から，
新しく生合成されることを意味
する語。特に，ヌクレオチドや
核酸の生合成において用いられ
ることが多い。

よびます。

　プリン骨格は，上の図のように，Gln，Gly，Asp，ギ酸（N10-ホルミル-THF）およびCO_2からつくられます。

　この経路の最終産物は**イノシン一リン酸（IMP）**ですが，AMP や GMP はこの IMP からつくられます。下の合成経路（次ページの図1）はすべての生物に共通です。食品の分解によって得られる遊離塩基をもとに，サルベージ合成によってもプリンヌクレオチドをつくることができます。

■ピリミジン塩基の合成

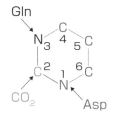

　プリンヌクレオチドと異なり，ピリミジンヌクレオチドの de novo 合成は先にピリミジン環を完成させてから**リボース-5-リン酸部分（PRPP）**を結合させる方法をとります。ピリミジン骨格は，上の図のように，Gln，Asp およびCO_2からつくられます。

　この経路の最終産物はウリジン一リン酸（UMP）ですが，UMP はさらに UDP，UTP へと変化します。CTP は UTP からつくられる一方，DNA の合成に必要な dTTP は UTP を素材としてつくられます。

　食品の分解によって得られる遊離塩基をもとに，サルベージ合成によってもピリミジンヌクレオチドをつくることができます。

プリンヌクレオチド

■ de novo 合成

　それでは，プリンヌクレオチドの de novo 合成について確認していきましょう。

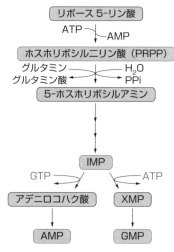

図1　プリンヌクレオチドの de novo 合成

■吸収された塩基の経路

　体内に吸収された五炭糖は，糖の代謝で利用されます。

　核酸塩基の分解経路は，プリン塩基[*1]とピリミジン塩基[*2]で異なります。プリン塩基はキサンチン（xanthine）に変えられ，キサンチンは酵素キサンチンオキシダーゼによって尿酸（uric acid）に変えられて体外に排出されます。

　ピリミジン塩基は，生合成の逆反応に似た経路でアセチル CoA まで分解され，脂肪酸の合成などに利用されています。

biochemical words

[*1] プリン塩基
（purine base）
プリン環を基本骨格とする生体物質で，核酸塩基のアデニン，グアニンの他にビタミン補酵素の NAD，FAD やカフェインなどがある。

[*2] ピリミジン塩基
（pyrimidine base）
ピリミジン核を基本骨格とする生体物質で，核酸塩基のシトシン，チミン，ウラシルの他に，5‐メチルシトシン，5‐（ヒドロキシメチル）シトシンがある。

■ 核酸分子（ポリヌクレオチド鎖）の合成と分解

合成は核酸を鋳型にヌクレオシド三リン酸を基質としたポリメラーゼが触媒するヌクレオチド転移反応による。

分解は，さまざまな特異性をもつヌクレアーゼによるホスホジエステル結合の加水分解反応による。

エンドヌクレアーゼ	ポリヌクレオチド鎖の末端ではなく，内部を切断する。
エキソヌクレアーゼ	加水分解でポリヌクレオチド鎖の末端からヌクレオチドが遊離する。
DNase と RNase	DNA 鎖を分解するもの（DNase）と RNA 鎖を分解するもの（RNase）がある。

■ ヌクレオチドの合成と分解

細胞内で完全な新規生合成が可能です（新生経路）。

プリン塩基とピリミジン塩基で代謝経路が異なっています。糖とリン酸はリボース 5-リン酸（R-5-P）としてペントースリン酸回路から供給されます。デオキシリボヌクレオチドはリボヌクレオチドの還元反応により生じます。

プリン塩基の大部分は再利用されます（サルベージ経路）が，一部は尿酸となり尿中に排泄されます。ピリミジン塩基は異化されて糖・脂質代謝経路に入ります。

ヌクレオチドの合成，分解の異常はさまざまな疾病の原因となります。

■ ホスホリボシルピロリン酸（PRPP）の合成と役割

構造は，リボース（五炭糖）の 5 位にリン酸基，1 位に α 配置でピロリン酸基が結合しています。

その役割は，ヌクレオチド合成反応でホスホリボシルトランスフェラーゼの基質としてホスホリボシル基の供与体となります。さらに PRPP はプリンヌクレオチド，ピリミジンヌクレオチドの新規合成，再利用経路に利用されます。そしてヒスチジンやトリプトファンの生合成に関与します。

ヌクレオチド合成経路の促進因子としても機能します。合成経路は，ペントースリン酸回路から供給されるリボース 5-リン酸に ATP のピロリン酸基が転移され活性化されてつくられます。この反応はリボースリン酸ピロホスホキナーゼが触媒します。

キナーゼとはリン酸化酵素のことをいいます。ここでの**ピロホスホキ
ナーゼ**とは，ATP 由来の２つのリン酸（ピロリン酸）を付加する酵素の
ことをいいます。

■ヌクレオチドの分解

AMP はまず，脱アミノ化され IMP になります。IMP およびその他のヌ
クレオチドはいずれも 5′-ヌクレオチダーゼにより脱リン酸化されてヌク
レオシドになります。次に塩基と五単糖の結合が切断されます。これは，
加水分解ではなく，加リン酸分解（phosphorylation）であるため，五単糖
は 1-リン酸となって遊離します。シチジンはただちにシトシンとなってか
ら脱アミノ化され，結局はウラシルになります。ピリミジン塩基であるウ
ラシルとチミンは同じ過程で分解され，最終的にはともに NH_3，CO_2，お
よび H_2O となります。

一方，プリン塩基のヒポキサンチンとグアニンはともにキサンチンを経
て尿酸（uric acid）となります。尿酸は魚類や両生類では尿素（urea）に，
甲殻類では CO_2 と NH_3 にまで分解され排出されます。爬虫類や鳥類は尿
酸となって排出されます。

プリン代謝に関する代謝異常

■痛風

痛風は尿酸の過剰生成が原因で起こります。この結果，循環系において
尿酸−ナトリウム塩を生じ，身体の指の部分の関節で沈殿する傾向があり，
温度が低くなるとこの塩の不溶性を増加させます。それにより，急激な痛
みを伴う関節炎が生じます。これが長い期間続くと，手や足を大きく変形
させます。

痛風の分子的基礎の1つは，プリンヌクレオチドがアミドトランスフェ
ラーゼのアロステリックな調節に影響する先天性代謝異常によって過剰生
産されたためと考えられています。

痛風は"富者の病気"であるという言い伝えがあるように，富者の食事
には肉類（核酸）とアルコール（痛風を悪化させる物質）が多く含まれて
いることに起因しています。

■レッシュ・ナイハン症候群 (Lesch-nyhan)

　レッシュ・ナイハン症候群（ヒポキサンチン・グアニンホスホリボシル
トランスフェラーゼ欠損症，HPRT 欠損症，ケリー・シーグミラー症候群）
は，ほとんどが男性のみに発症する遺伝性疾患です。出生男児 10 万人に 1
人程度で出現している病気です。遺伝子変異により，プリン体の再利用に
関わる酵素が欠損し，高尿酸血症，精神発達遅滞，自傷行為，筋硬直，腎
結石などの症状が起こります。

　プリン体は遺伝情報に関わる核酸（DNA，RNA）を構成する物質で，
代謝されると尿酸が作られます。核酸が分解されて生じたプリン体を再利
用するための反応（プリンサルベージ経路）に関わる酵素としてヒポキサ
ンチン・グアニンホスホリボシルトランスフェラーゼ（HPRT）があります。
HPRT によってプリン体が再利用されることで，細胞には核酸を作るため
の材料が供給されることになります。レッシュ・ナイハン症候群では
HPRT 1 遺伝子の変異によって，酵素である HPRT が欠損し，プリン体の
再利用が行われず，また，プリン体およびその代謝産物である尿酸が過剰
に蓄積します。

光合成

Photosynthesis

1 光合成研究の歴史

■光合成の研究史（18世紀〜19世紀）

1）プリーストリー（Joseph Priestley, 1733-1804）

プリーストリー

1772年，密閉容器にネズミを入れておくと，ネズミは死亡してしまいましたが，ハッカの枝を入れた密閉容器ではネズミは死亡しませんでした。またこの枝を入れた容器内にろうそくを入れておくと消えることはありませんでした。ハッカがネズミの生存に必要な物質をつくっていることを発見しました。

彼は，物質が燃えるのはフロギストン（燃素）という物質が逃げていくことと考えていたので，呼吸や燃焼に必要な酸素の発見にはいたりませんでした。プリーストーリーの実験より，ネズミやろうそくの炎は周囲の空気を悪くするが，植物は周囲の空気を清浄化するはたらきをしていることが想定されました。

2）インゲンホウス

彼のもっとも有名な実験の成果は，「プリーストリーの実験でネズミが死ななかったのは密閉容器にハッカを入れ光が照射されたときであり，暗くした状態ではネズミは死んでしまうこと」を見出したことです。

生物の呼吸に必要な酸素を植物は光が照射された昼間につくっていることが示されたのです。この実験により，植物が周囲の空気を清浄化するのは昼間だけであることがわかりました。18世紀後半の実験ですから詳しい考察はなく大まかな予想といったレベルでした。

●ヤン・インゲンホウス
（Jan Ingenhousz, 1730-1799）
オランダの医学者，植物生理学者，化学者，物理学者。最も知られている業績は，植物が二酸化炭素を吸収し酸素を放出する過程で光が不可欠であることを示すことによって，光合成を発見したことです。

3）ザックス（Julius von Sachs, 1832-1897）

　緑葉の一部を覆って光を照射し，色素を抽出後にヨウ素反応を行うと，光が当たった部分でのみヨウ素反応が現れました（1864）。この結果から，光合成によってデンプンがつくられると考えました。植物は日光により，デンプンを合成していることがわかりました。

ザックス

4）カルビン

　CO_2 の固定経路を解明しました。

●メルビン・カルビン
　（Melvin Calvin, 1911-1997）
　アメリカ合衆国の化学者。カルビン・ベンソン回路をアンドリュー・ベンソンとジェームズ・バッシャムと共に発見し，それによって 1961 年にノーベル化学賞を受賞しました。

光合成色素

■光合成色素の分離

　緑葉の中には何種類かの光合成色素が含まれています。緑葉の中には黄色や赤色の色素もあります。どのような色素が含まれているかを薄層クロマトグラフィーで調べてみることができます。薄層クロマトグラフィーはペーパークロマトグラフィーに比べてスポットが鮮明に現れ，展開に要する時間も短いという利点があります。

　薄層クロマトグラフィー（TLC ＝ Thin Layer Chromatography）による光合成色素の分離実験は，同様に簡便に行える上，各色素が強い色調で明確に分離でき，展開時間も短縮されます。

　幅広の TLC シートに数種の試料を塗布し，同時に展開させることによ

り，緑葉と紅葉した葉との比較や，陸上植物と藻類の比較などの考察が行いやすくなります。

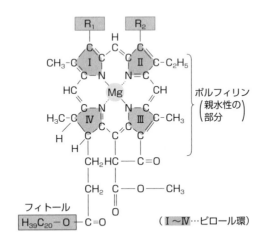

ポルフィリン
(親水性の部分)

フィトール

（Ⅰ～Ⅳ…ピロール環）

種類	R_1	R_2
クロロフィルa	$-CH=CH_2$	$-CH_3$
クロロフィルb	$-CH=CH_2$	$-CHO$
バクテリオクロロフィルa	$-COCH_3$	$-CH_3$

フィトール（疎水性の部分）

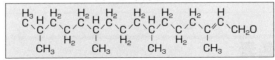

図1　クロロフィルの分子構造

中心に Mg をもつポルフィリンにフィトール（長鎖アルコール類）が結合している。R_1 と R_2 の部分がクロロフィルの種類によって異なる。

Rf 値の求め方

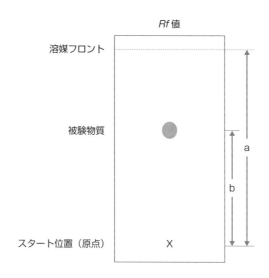

$$Rf = \frac{b}{a} = \frac{物質の移動距離}{溶媒フロントの移動距離}$$

■ Rf 値を求めるのは何のため？

　TLC においてスポットの位置は，極性の低い物質ほど上昇し極性の高い物質は原点の近くに現れます。

　調べる物質の極性によってスポットの移動距離が違うことを利用して分離をしているのです。そして光合成色素によって Rf 値が違うので，おなじ Rf 値であれば同じ光合成色素であるだろうと推測できます。ただし，展開溶媒を変えると展開溶媒の極性の違いにより Rf 値も変わってきます。

■ Rf 値はなぜ違うのだろうか？

　紙に色素が吸着する力と溶媒に溶ける力の関係です。つまり，光合成色素などの成分が紙に吸着しやすく，溶媒に溶けにくいならば成分は大きく移動しません。この結果，「Rf 値」は小さくなります。

　逆に移動しやすい成分は紙面上をある程度自由に移動することで「Rf 値」は大きくなります。それらの相互作用で「Rf 値」が異なってきます。

2　光合成のしくみの研究

しくみの解明

■ヒル反応

　ヒル反応とは，葉緑体に人工的に電子受容体を加えて光を照射した時に見られる酸素発生反応で，ヒル（Robert Hill）によってはじめて見出されました。

　ヒルは，ハコベ（Stellaria media）やオドリコソウ（Lamium album）の葉をショ糖を含む溶液中ですりつぶして葉緑体の懸濁液をつくり，これに人工的な酸化剤（最初の実験ではシュウ酸第二鉄）を加えて光を照射すると，加えた酸化剤の還元に伴って酸素が発生することを1938年に発表しました。加えた酸化剤がすべて還元された時，さらに酸化剤を加えると酸素発生は回復しました。酸素発生速度は，発生した酸素がヘモグロビンと結合したときのわずかな吸収変化を時間ごとに測定して求めました。ヒルは光合成の研究を始めるまでにヘモグロビンやミオグロビンの研究など幅広い研究を行っていたのです。

　ヒルは発生した酸素が水分子に由来することを直接的に証明することはできませんでしたが，葉緑体での酸素発生と二酸化炭素の固定とが独立の反応であることを示しました。発生する酸素が水分子に由来することは，1941年にルーベンらによって，酸素の同位体を用いた実験で証明されました。

●ロビン・ヒル
（Robin Hill, 本名：Robert Hill, 1899-1991）
　イギリスの生化学者。1939年に光合成の光化学反応により，水が分解され，酸素が生じる際に，鉄イオンのような電子受容体が必要であるという光合成の'ヒル反応'を証明しました。酸素発生型光合成のZ機構の研究にも多大な貢献をしました。

■ルーベンの実験

　アメリカの化学者ルーベン（Samuel Ruben, 1913-1943）は単細胞緑藻クロレラに^{18}Oを含む水を与えて，光合成で発生する酸素が水に由来する

ことを明らかにしました (1941)。また，二酸化炭素の取り込みの生化学的機構について研究し，初めて ^{11}C を用いて，同位元素による中間生成物の同定を試みていましたが，放射性炭素 ^{11}C は短寿命ゆえ制約が大きく，光合成では成果が十分に得られませんでした。一方，メタン生成菌での実験では二酸化炭素還元経路の同定に成功しました。

^{11}C ではうまくいかなかったためルーベンは長寿命の ^{14}C を 1940 年に初めて調製し，光合成などの代謝過程における放射性炭素の応用の道を開きました。しかし第二次大戦中，ルーベンは化学兵器の開発に関与し，実験室における事故のために死亡しています。

■チラコイドで起こる反応

チラコイドでは 5 つの反応が起こります。

1) クロロフィルの活性化	光化学系Ⅱから，光エネルギーを利用して，高エネルギー状態になった電子 (e^-) が放出される。
2) 水の分解	光化学系Ⅱから失われた e^- は，水の分解により補充される。e^- を放出した光化学系の反応中心のクロロフィルはこの e^- を受け取り元にもどる。
3) e^- の移動	e^- はエネルギーを放出しながら電子伝達系を通り，光化学系Ⅰに入る。このエネルギーを利用してストロマの H^+ がチラコイド内腔に入る。
4) NADPH＋H^+ の生成	光化学系Ⅰでは，光エネルギーによって高エネルギー状態の e^- が放出される。この e^- と NADP 還元酵素により $NADP^+$ とストロマの H^+ が結合して還元型の NADPH＋H^+ となる。
5) 光リン酸化	H^+ が濃度勾配に従ってチラコイド内腔側から ATP 合成酵素を通ってストロマ側へ移動する。このとき ATP が合成される。この ATP 合成は，チラコイド膜にある ATP 合成酵素が ADP をリン酸化して ATP を産生したものである。

チラコイド膜上には，光合成色素があります。光合成色素に光が当たることで，活性クロロフィルができます。この反応を，**光化学反応**といいます。

活性化した光合成色素は，自身に蓄積されたエネルギーによって水を分解します。水の分解によって生成した水素イオンはチラコイド内に蓄積され，水素イオンチャネルを介してストロマへ輸送されます。

そのとき，$12NADP^+$ と結合して，12 (NADPH＋H^+) を生成します。

この反応の流れを、**光化学系**といいます。

■電子伝達

反応中心のクロロフィルから飛び出した電子は、光化学系Ⅱと光化学系Ⅰの電子の伝達を促します。光化学系と光化学系Ⅰの電子伝達は独立に起こるわけではなく、光化学系Ⅱから光化学系Ⅰに電子が渡されるという反応とともに起こります。そのプロセスをまとめると次のようになります。

① H_2O の電子が引き抜かれて、光化学系Ⅱの反応中心のクロロフィルに渡される。

②光エネルギーによって、光化学系Ⅱのクロロフィルが活性化され、電子を放出しやすい状態（還元力の非常に強い状態）になる。

③すこしずつ還元力弱くなるように電子が伝達されて、光化学系Ⅰの反応中心のクロロフィルに渡される。

④光エネルギーによって、光化学系Ⅰのクロロフィルが活性化されて、電子を放出しやすい状態になる（**還元力の非常に強い**状態）になる。

⑤少しずつ還元力の弱くなるように電子が移り、$NADP^+$ に渡される。

⑥ $NADPH + H^+$ が生成（還元力の蓄積）される。

POINT

還元力が強いということは、相手を還元する力が強い、または電子（e^-）を与えやすいことを意味します。また還元力が弱いということは自身は還元されやすい、または電子を受け取りやすいことをいいます。光化学系Ⅱの反応中心のクロロフィルは H_2O より還元力が弱いのですが、光化学系Ⅰの反応中心のクロロフィルは H_2O より還元力が強いので、光化学系Ⅱだけが電子（e^-）を受け取ることができます。

■ ATP 生成

光化学系Ⅱから電子が伝達されるときに、ストロマからチラコイド内腔に H^+ が輸送されます。H_2O の分解と電子伝達に伴い、チラコイド内腔に濃縮された H^+ は濃度勾配にしたがってチラコイドの外側に流れ出そうとします。こうした H^+ の流れのエネルギーを利用して、チラコイド膜にある ATP 合成酵素（図中のもっとも右側にある酵素）が ADP をリン酸化して ATP を生産するのです。

この ATP 合成反応は、もとをたどれば、光エネルギーが電子伝達を起こしたことによるので、光リン酸化と呼ばれます。光合成の光リン酸化と

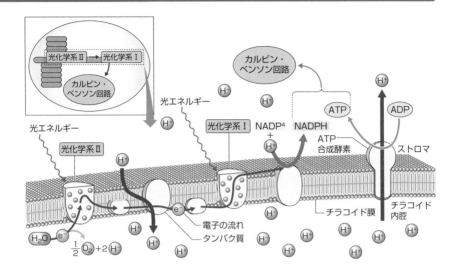

　呼吸の酸化的リン酸化はもとになるエネルギーが光化学反応で得られたものか，有機物の酸化で得られたものかという点で大きく異なります。しかし，電子伝達から ATP 合成にいたるしくみをみると非常に類似しています。

　2分子の H_2O からの電子が，光化学系Ⅱ→光化学系Ⅰと伝達されるとき，合成される ATP はおよそ3分子であることがわかっています。しかし，ATP 合成量は実際には他の条件によっても変化します。

　このチラコイド膜に関わる反応は反応式①のようになります。

反応式　①（チラコイド膜に関わる反応）

$$2H_2O + 2NADP^+ + 3ADP \ \rightarrow \ O_2 + 2NADPH + 2H^+ + 3ATP$$
↑光エネルギー

■ストロマで起こる反応

　チラコイドでつくられた ATP と NADPH＋H^+ は葉緑体のストロマで CO_2 を固定する炭酸同化に用いられます。

　CO_2 を取り込む反応段階では，酵素のはたらきによって，5個の炭素を

もつ C_5 化合物のリブロース 1,5-ビスリン酸（RuBP）と CO_2 からホスホグリセリン酸（PGA）が 2 分子つくられます。PGA からは何段階かの反応を経て，初めに使われた C_5 化合物が再生産されます。炭酸同化の反応経路は循環していて，カルビン・ベンソン回路と呼ばれています。

カルビン・ベンソン回路では，1 分子の CO_2 を固定するのに 3 分子の ATP と 2 分子の NADPH と H^+ を消費します。

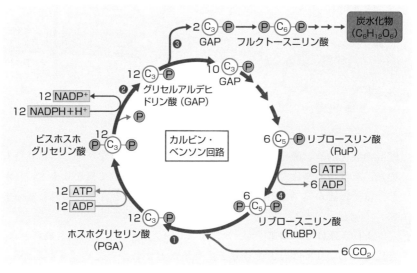

図 1　ストロマでの反応

この図はグルコース 1 分子が生じる場合の各物質の割合を示しています。

この図の❶で 6 分子のリブロースビスリン酸（リブロース二リン酸ともいう）が CO_2 を取り込み，酵素ルビスコによってこれを固定して炭素数 3 個の PGA（ホスホグリセリン酸）という物質を 12 分子つくります。

これは

$$6C_5(RuBP) + 6C_1(CO_2) \rightarrow 6C_6(中間体) \rightarrow 12C_3(PGA)$$

が生じたことを意味します。中間体は非常に不安定な物質で，すぐに 2 つに分かれてしまうので PGA 2 分子がたちまちできてしまうことになります。❷ PGA はすぐに 12 分子の ATP によりリン酸化が起こり，ビスホスホグリセリン酸が 12 分子できます。これが $12NADPH + 12H^+$ により還元

されてグリセルアルデヒドリン酸になります。ここで，6分子の H_2O が生じます。

❸ 12分子のグリセルアルデヒドリン酸は 1/6 が回路から離れて（つまり C_3 2分子が回路から外れる），炭水化物であるグルコースの生成に利用されます。

ストロマで起こる反応は反応式②のようになります。

反応式　②（ストロマで起こる反応）

$6CO_2 + 12NADPH + 12H^+ + 18ATP \rightarrow C_6H_{12}O_6 + 12NADP^+ + 6H_2O + 18ADP$

■ベンソンの実験

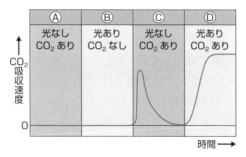

図2　CO_2 の吸収と光の有無の関係

暗所で CO_2 を与えたのち，明所で CO_2 なしの条件にしても光合成は行われません。しかし，その後暗所で CO_2 ありの条件にすると光合成が行われました。これは，光エネルギーの吸収によって生じた物質が，CO_2 の固定に使用されることを示しているのです。

●**アンドリュー・アルム・ベンソン**
(Andrew Alm Benson, 1917-2015)

アメリカ合衆国の生物学者。学位は Ph.D.（カリフォルニア工科大学・1942年）。カリフォルニア大学サンディエゴ校教授などを歴任した。カルビンとともに CO_2 固定の経路を解明しました。

■ ^{14}C を含む化合物の追跡

　カルビンらは，$^{14}CO_2$ を植物に取り込ませ，一定時間ごとに取り出して，暗所で X 線フィルムに密着させて感光させました。その後，このフィルムを現像すると，CO_2 を固定した葉では，フィルムは ^{14}C の放射線で感光して白く見えます。この原理を応用して，植物に活発に光合成を行わせたのちに，急に $^{14}CO_2$ を細胞に取り込ませ数秒ごとに細胞を殺し，クロマトグラフィーで抽出液を展開し，放射能の行方を追っていきました。

　こうして，CO_2 がどのような物質に入り，標識がどんな物質に移るのかが研究されたのです。そして反応時間 5 秒で ^{14}C が現れたのは PGA であることが判明しました。

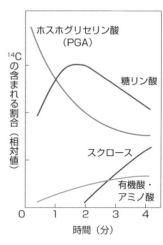

図 3　^{14}C の含まれる割合の変化

Column ルビスコ

　ルビスコは，地球上でもっとも多くある酵素であると考えられています。正式な名称は**リブロースビスリン酸カルボキシラーゼ／オキシゲナーゼ**という酵素で，ホウレンソウ100 gには1 g程度含まれていることがわかっています。全地球上のルビスコの量は途方もない値となることがおわかりでしょう。

3 光合成の3つのタイプ

植物のタイプ別による光合成回路の違い

　植物が行う光合成には，3つのタイプが存在します。生息環境に応じた適応の結果，これらのタイプが生じて効率よく光合成を行うようになったものと考えられています。多くの植物では，気孔を通して取り入れた大気中のCO_2をそのままカルビン・ベンソン回路による炭酸同化に用いています。このような植物がC_3植物と呼ばれる植物です。その他に，C_4植物，CAM植物があります。これらの植物の光合成についてみていきましょう。

■ C_3植物

　カルビン・ベンソン回路で最初にできる化合物がPGAのようにC_3化合物である場合，このような植物をC_3植物といいます。

　カルビン・ベンソン回路は葉肉細胞で行われます。

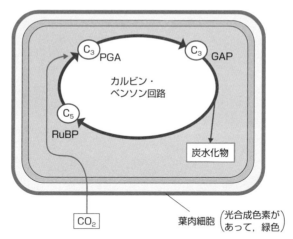

図1　C_3植物の反応回路の模式図

■ C_4植物

　カルビン・ベンソン回路は維管束鞘細胞で行い，その前に葉肉細胞でC_4ジカルボン酸回路（C_4回路）を行う植物。

　C_4植物は熱帯地方の植物に多いです（例：トウモロコシ，サトウキビ，ススキ，アワ）。

　熱帯地方では気温は高く，光の強さは強いですが，CO_2濃度が変わらな

いため，CO_2 を葉肉細胞に蓄えておくことで，効率よく光合成ができます。気孔から取り込んだ CO_2 を C_4 ジカルボン酸回路でホスホエノールピルビン酸に結合させオキサロ酢酸に変え，リンゴ酸として蓄えておきます。

　リンゴ酸は維管束鞘細胞に運ばれて脱炭酸酵素により分解され，CO_2 を放出します。これを用いて効率よくカルビン・ベンソン回路を行います。C_4 植物と呼ばれるのは，大気中の CO_2 をとりこんで最初にできる物質が炭素数 4 個のオキサロ酢酸だからです。

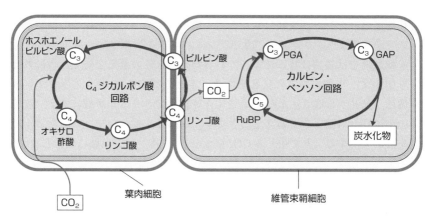

図 2　C_4 植物の反応回路の模式図

■ C_3 植物と C_4 植物の葉肉細胞と維管束鞘細胞

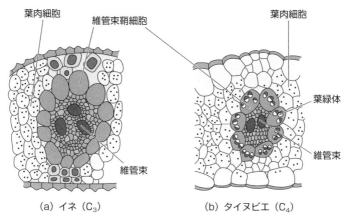

（a）イネ（C_3）　　　　　（b）タイヌビエ（C_4）

タイヌビエ（C_4 植物）の維管束鞘細胞には葉緑体があります。イネでは維管束鞘細胞には葉緑体が含まれません。

　C_3 植物でも C_4 植物でも葉肉細胞には葉緑体がありますが，C_3 植物の維管束鞘細胞には葉緑体が発達していません。光合成を行うにも葉緑体がなくてはいけません。一方，C_4 植物の場合，維管束鞘にも葉緑体が発達していますから，分業を行うことが可能になります。

■ CAM 植物（ベンケイソウ型有機酸代謝植物）

　カルビン・ベンソン回路と同じ葉肉細胞で CAM 回路（ベンケイソウ型代謝回路）を行い，夜間に気孔を開く植物。砂漠などの乾燥地の植物に多いです（例：ベンケイソウ，サボテン，パイナップル）。

　乾燥地では昼間は特に乾燥しているため，水分の蒸発を防ぐために気孔を開かず，夜間になると気孔を開き，まとめて CO_2 を取り込みます。夜間は，気孔から取り込んだ CO_2 を CAM 回路でオキサロ酢酸に変え，液胞の中にリンゴ酸として蓄えておきます。昼間は，蓄えたリンゴ酸をピルビン酸に分解することで生じる CO_2 をカルビン・ベンソン回路に供給します。

POINT

C_4 と CAM 植物の違い

　C_4 植物は葉肉細胞（C_4 ジカルボン酸回路）と維管束鞘細胞（カルビン・ベンソン回路）というように空間的分業を行っています。一方 CAM 植物は同じ葉肉細胞で空間的分業を行っています。

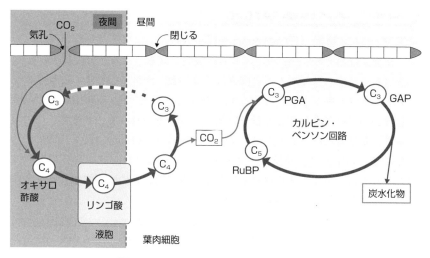

図3　CAM植物の反応回路の模式図

光合成の3つの回路比較

回路のタイプ	C_3植物	C_4植物	CAM植物
生息環境	温暖な場所が多い。 気温：普通 光：強 CO_2濃度：普通	熱帯地方が多い。 気温：高 光：強 CO_2濃度：普通	砂漠地帯に多い。 気温：昼－高温・乾燥, 　　　夜間－低温～ 　　　普通 夜：気孔を開きCO_2 　　とり込み
植物の代表例	多くのほとんどの植物	トウモロコシ，サトウキビ，ススキ，アワ等	ベンケイソウ，サボテン，パイナップル等
カルビン・ベンソン回路が存在する場所	葉肉細胞	維管束鞘細胞	葉肉細胞
回路でできる化合物	C_3化合物	オキサロ酢酸	オキサロ酢酸

4 エマーソン効果

エマーソンによる発見

■エマーソン効果（Emerson effect）

　植物や緑藻で 680 nm（赤）より長い波長の光を与えると急に量子収量（1個の光量子から還元できる炭酸ガスの分子数）が低下します。これをレッドドロップと呼びます。ところが，700 nm の光と同時に 650 nm 程度の少し波長の短い光を与えると量子収量の低下がみられなくなります。この現象を，発見者ロバート・エマーソン（Robert Emerson, 1903-1959）にちなんで，エマーソン効果と呼びます。650 nm はクロロフィル b の吸収スペクトルに相当し，クロロフィル b という補助色素の吸収する光が与えられると光合成効率が上昇するのです。

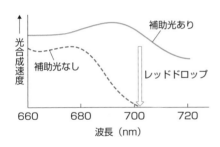

クロレラに単色光を照射して光合成速度を測定すると，680 nm を超える波長で急激に低下する。この現象をレッドドロップと呼ぶ。

このとき，650 nm の光（補助光）を同時に照射すると，レッドドロップは起こらなくなる。

また，これらの単色光を単独で照射したときの光合成速度の和よりも，同時に照射したときの光合成速度の方が大きい。

図1　クロレラに単色光を照射した場合

■エマーソン効果の解釈

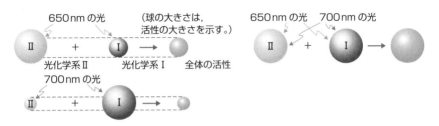

　種々の波長で光合成の量子収量を測定すると，クロロフィルによる吸収があるにも関わらず，紅藻では 650 nm，緑藻では 680 nm より長波長の光では量子収率が急激に低下します。このレッドドロップ現象は，より波長の短い光を同時に照射すると見られなくなります。すなわち，波長が異な

る2つの単色光（片方は 680 nm 以上，もう一方は 650 nm 以下の光）を同時に照射したときの光合成速度はこれらの単色光を単独で照射したときの光合成速度の和よりも大きくなります。光合成電子伝達系には直列にはたらく2つの光化学系があり，「短波長の光は両方の光化学系が利用できる」が，「長波長の光は片方の光化学系しか利用できない」と考えると，エマーソン効果をうまく説明できることから，エマーソン効果の研究は，光化学系Ⅰおよび光化学系Ⅱと呼ばれる2つの光化学系が存在するという概念の確立につながりました。

　光化学系Ⅰと光化学系Ⅱは直列に働くので，反応の遅い方（上の図では小さい球）が全体の活性を決めます。光化学系Ⅱは，700 nm 付近の光ではほとんど働きません。

■エマーソンの研究時代背景

　エマーソン効果は光合成の反応中心が2つあることがわからなかった時代に，2つあると考えるきっかけになったものです。

　エマーソンが研究していたのは 1950 年代の半ばでした。このときは光合成のストロマで CO_2 が固定される反応の解明が行われていた時代でした。後のカルビン・ベンソン回路の発見となる時代でした。カルビン・ベンソン回路の反応には，NADPH や ATP が用いられるのですが，この合成反応がチラコイド膜への光照射によって起こることがわかっているだけで光化学反応の存在自体がわかっていない時代でした。

　しかも光化学系が2つ存在することなど誰も予期していませんでした。エマーソンは 1956 年，異なる波長の光を必要とする反応（後の光化学系Ⅰ，光化学系Ⅱ）があることを示唆する研究成果を得たのです。

　エマーソン効果の意義はレッドドロップ現象と結び付いています。つまり 680 nm より長い光（赤）だけでは急に光合成の効率が悪くなるレッドドロップ現象が，680 nm より波長の長い光と 680 nm より波長の短い光を同時に与えるとレッドドロップ現象は起こりません。

　光合成の反応中心は光化学系Ⅱ（PSⅡ，photosystem Ⅱ）680 nm と，光化学系Ⅰ（PSⅠ，photosystem Ⅰ）700 nm の2つがあります。短い波長の光はエネルギー準位が高いので，エネルギー準位を低めて長い光に変わることもできますが（アンテナ色素がやってくれる），長い光は短い光に変わることができません。

680 nm より長い光では PS II を動かせません。PS I だけ動かせても，両方動かさないと光合成は進まないのです。

　これに対して 680 nm より短い光では PS I，PS II の両方を動かせます。680 nm より長い光に，680 nm より短い光を加えてやると PS I と PS II が動きます。

　微細藻類に様々な波長の光を当てた結果，クロロフィル a 吸収波長域内でも赤色光のみを当てると光合成速度の低下（red drop）が起こることを，エマーソンは発見しました（1943）。赤色光を照射しながら，波長の短い青色光を照射すると，この低下は起こらないことも発見しました（1956）。

5 光呼吸と細菌による光合成

光呼吸の経路

■光呼吸

　光呼吸が生じる原因は，リブロースビスリン酸（RuBP）と CO_2 の反応を触媒する酵素である，リブロース 1,5-ビスリン酸カルボキシラーゼ/オキシゲナーゼ（RubisCO）が RuBP の酸化も触媒するため，すなわち RuBP に対する CO_2 と O_2 の反応が競争関係にあるためです。酸化反応（オキシゲナーゼ反応）では RuBP はホスホグリコール酸となります。ホスホグリコール酸はカルビン・ベンソン回路の阻害剤となります。このため図のように，ペルオキシソームとミトコンドリアを経由して葉緑体に戻る反応系によって，複雑な経路を経て，グリコール酸になった後に PGA に変化します。この際に ATP と NADPH が消費されます。（p.157 の Column も参照下さい。）

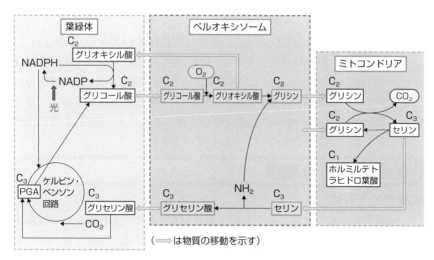

図1　光呼吸の経路

　なお，ペルオキシソームは直径 $1\sim1.5\,\mu$m の一重膜で囲まれた顆粒で，はじめ動物細胞で検出されましたが，後に植物にも存在することがわかりました。

■ C_4 植物と光呼吸

　C_4 植物には光呼吸がほとんど存在しません。光呼吸は O_2 と CO_2 の濃度比で決定することと RubisCO が維管束鞘細胞に局在していることが重要なポイントだからです。C_4 型光合成では気孔から入ってきた CO_2 は葉肉細胞で濃縮（オキサロ酢酸に変化）され，維管束鞘細胞に輸送されます。その後維管束鞘細胞で CO_2 は放出され RubisCO と反応します。そのため維管束鞘細胞では O_2 の濃度が低いので光呼吸はほとんど発生しないのです。

■ 光呼吸が存在する理由

　光呼吸は光合成で生じる ATP と NADPH の一部を無駄に消費しています。一方で，各種光合成生物において RubisCO がオキシゲナーゼ活性を持つことは，進化の歴史上において何らかの必要性があり，生物学的な意味があるとする考え方もあります。たとえば，CO_2 量が光エネルギーに比べ不十分であるときに過剰な光エネルギーによる障害，つまり光合成の光阻害を防ぐため，などの理由が考えられています。

　さらに RubisCO は CO_2 と O_2 の濃度に依存して $CO_2 \rightarrow O_2$ または $O_2 \rightarrow$ 活性酸素のいずれかの反応を行います。CO_2 濃度が十分に高い場合は $O_2 \rightarrow$ 活性酸素の反応はほとんど行われませんが，通常の空気下では両方の反応が行われます。光呼吸はここで発生した有害な活性酸素を除去するための機構です。C_4 植物は CO_2 濃度を高く保つことによって O_2 から活性酸素を生じる反応を起こさないようにしています。

光合成を行う細菌

■ 細菌の光合成

　原核生物の細菌にも光合成を行うものがあります。光合成を行う細菌を光合成細菌といい，光化学系が光エネルギーを利用して生産した ATP を炭酸同化に使うという点では植物と同様ですが，いくつか大きな違いがみられます。

■ 細菌はどのようにして光合成を行っているのだろうか？

　植物と違う点の1つは，細菌のもつクロロフィルは植物がもつクロロフィルと少し違った**バクテリオクロロフィル**という色素です。また，光化学系に電子を与えるのが水（H_2O）でない点も異なります。

　　緑色硫黄細菌や紅色硫黄細菌の場合は，硫化水素（H_2S）を含む水環境に生息していて，光化学系は H_2S から電子を引き抜きます。その結果，植物のように酸素（O_2）を生じるのではなく，硫黄（S）が生じます。

反応式（H_2S が反応した場合）

$$6CO_2 + 12H_2S \rightarrow C_6H_{12}O_6 + 6H_2O + 12S$$

　　シアノバクテリアの場合，光合成細菌の中でも植物と同じ光合成を行い，水の分解によって酸素を発生します。シアノバクテリアの光合成色素はバクテリオクロロフィルではなく，クロロフィルとなっています。

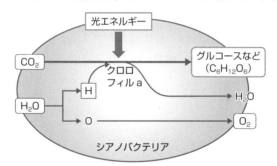

図2　シアノバクテリアの光合成

化学合成を行う細菌

■化学合成を行う生物

　　細菌の中で化学合成細菌は，光に依存せず独立栄養生活を営む生物です。これらの細菌は無機物を酸化して，生じた化学エネルギーを用いて炭酸同化を行います。この反応は化学合成と呼ばれるもので，無機窒素化合物を酸化してアンモニア（アンモニウムイオン）を亜硝酸イオンにする亜硝酸菌，亜硝酸を硝酸に酸化する硝酸菌がいます。

　　化学合成における ATP 生産は，呼吸や光合成の電子伝達による ATP 生産のしくみと共通点がみられ，まず H^+ の濃度勾配をつくり，この濃度勾配に従う H^+ の流れを利用して ATP を合成しています。

硝化菌（亜硝酸菌と硝酸菌を合わせて）以外の硫黄細菌，鉄細菌，水素細菌なども化学合成を行い，化学エネルギーを得て炭酸同化を行います。海底の熱水噴出孔の周辺などでは，こうした化学合成細菌が生産者となる特異的な生態系を形成しているのです。

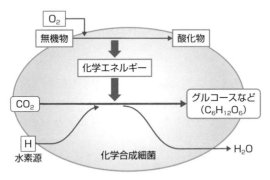

図3　細菌による化学合成

6 窒素同化と窒素固定

窒素の合成

■窒素同化と窒素固定の違い

　タンパク質の成分のアミノ酸や核酸の成分には窒素が含まれています。これらの有機窒素化合物は，窒素同化とよばれる反応を通して合成されます。

　植物は無機窒素化合物から有機窒素化合物をつくることができます。このはたらきを窒素同化と呼びます。炭酸同化で得た有機物を変化させて生じた有機酸（酸の性質をもった有機物）と，根から吸収したアンモニウムイオンとを反応させてアミノ酸を合成しています。アミノ酸はさらにタンパク質になったり，核酸や ATP，クロロフィルなど植物の生活に重要な各種の有機窒素化合物の生成に利用されます。従属栄養生物は，植物の合成したこれらの有機窒素化合物をとり入れて，自分のからだに必要な物質へと再合成するのです。

　一方，**窒素固定**とは，特殊な細菌などが大気中の窒素ガス（N_2）からアンモニウムイオンをつくることをいいます。この反応を行うのはアゾトバクター，クロストリジウム，根粒菌，ネンジュモなどの原核生物に限られます。これがどのような関係になっているかを示したのが下の図です。

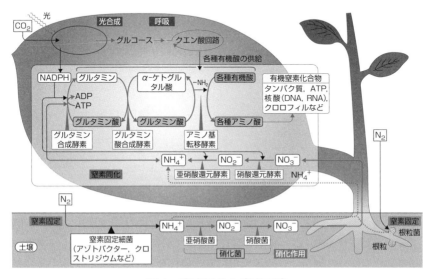

図1　窒素同化と窒素固定

土壌中に含まれる水分には，窒素固定細菌の活動によってつくられたアンモニウムイオン，生物体の遺体の分解で生じたアンモニウムイオン（NH_4^+），硝化細菌の活動によって生じた硝酸イオン（NO_3^-）などが溶けています。植物はこれらの無機窒素化合物を利用して，以下の①〜⑤のように窒素同化を行います。

---

① 無機窒素化合物（NH_4^+，NO_3^-）は根から吸収する。

② 植物体内に入った NO_3^- は硝酸還元酵素により亜硝酸イオン（NO_2^-）に，亜硝酸還元酵素によりアンモニウムイオン（NH_4^+）になる。

③ NH_4^+ は，グルタミン合成酵素のはたらきで，グルタミン酸と結合しアミノ基を2個もつグルタミンがつくられるが，この反応には ATP を必要とする。

④ グルタミンのアミノ基は，グルタミン酸合成酵素のはたらきで，α-ケトグルタル酸に渡されグルタミン酸がつくられる。

⑤ アミノ基転移酵素のはたらきで，グルタミン酸からいろいろな有機酸にアミノ基が渡され，いろいろなアミノ酸がつくられていく。

注）根から吸収されるのは NO_3^- の形が最も多く，またヌクレオチドなどアミノ酸以外の生体物質に含まれる窒素も，同様に同化される。

■窒素固定を触媒する酵素

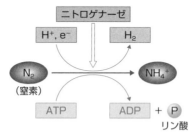

図2　ニトロゲナーゼによる反応

　N_2 を NH_4^+ に変える窒素固定を行う反応には，ニトロゲナーゼという酵素がはたらきます。この酵素は酸素によって失活するので，アゾトバクターのような好気性細菌では，細胞内に酸素濃度を低下させるしくみが備わっています。

Column 　光合成細菌とバイオマット

　温泉が湧き出るような場所では，100℃近い源泉が湧き出している場合があります。源泉から離れるにしたがって温度が下がり，場所ごとに生存に適したバクテリアが生息します。バクテリアが多量に発生して，厚さが数 mm にもなり，マット状に発達したものはバイオマットと呼ばれています。

　代表的なものに長野県の中房温泉では，源泉が湧き出すところから流れて下流では 65℃ くらいになったところでオレンジ色や緑色のバイオマットが形成されています。このマットは光合成細菌などから形成されています。

膜タンパク質と受容体

Membrane Proteins and Receptors

1 輸送に関わるタンパク質

膜輸送

■生体膜で輸送に関与するタンパク質

　生体膜を構成しているリン脂質二重層を通過できるのは，疎水性の分子のほか，酸素や二酸化炭素などの低分子の物質などに限ります。イオンなどの水に溶けやすい物質や水分子は，ふつうは生体膜を貫通して存在する膜タンパク質によって通過しています。また，細胞の運動や物質の輸送には，細胞骨格のタンパク質がかかわっています。

　膜輸送タンパク質は**輸送体**と**チャネル**[*1]に大きく分類されます。輸送体は特定の溶質分子（たとえば，グルコースやアミノ酸）が結合するとその構造が変化し，溶質の膜通過を容易にします。一方，チャネルは溶質分子との結合力が弱く，リン脂質二重層を貫通する水に満ちた小孔を形成していて，輸送速度は輸送体よりもはるかに速いという特徴があります。

biochemical words

[*1]**チャネル**
特定の刺激に応じて開閉し，イオンを透過させるタンパク質をいう。イオンを透過させるチャネルはイオンチャネルと総称され，イオンの種類によってイオンチャネルの種類も決まっている。

　輸送体の多くとイオンチャネルは受動輸送によって輸送されます。溶質が電荷をもつ場合，電気勾配も輸送に影響します。外側に比べて内側が「−」になることから陽イオンの流入は促進され陰イオンの流出は阻害されます。

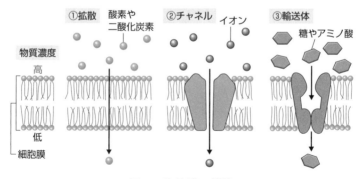

図1　生体膜の機能

■細胞膜に存在するチャネル

イオンを通す孔はイオンチャネル[*2]と呼ばれます。イオンチャネルは生体膜を貫通するタンパク質で，濃度の高い側から低い方へと決まった種類のイオンだけを通すのです。濃度の高い側から低い側へと濃度勾配に従った輸送を「受動輸送」といいますが，イオンチャネルはこの受動輸送を担います。

biochemical words

[*2] イオンチャネル
イオンを透過させる役割を持つ膜タンパク質のことをいう。生体膜を構成する脂質二重膜はイオンをほとんど透過しないため，イオンを膜の内外に透過させるために生体機能に必須のタンパク質である。

次の図はナトリウムチャネルの模式図です。ナトリウムチャネルでは，細胞内よりも細胞外のナトリウムイオン濃度が高い場合，ナトリウムイオンの受動輸送を担うチャネルが開くと，濃度差によってナトリウムイオンが細胞内に流入します。チャネルが閉じればナトリウムイオンの流入が止まります。

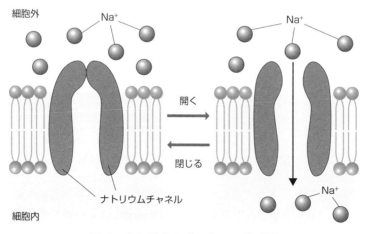

図2　ナトリウムチャネルの模式図

チャネルタンパク質は，門のついた管のようなもので，弁が開くと濃度勾配に従って，特定のイオンがチャネルの中を通過できます。チャネルは，リン脂質の二重層を貫通する何本かの α ヘリックス構造をしたタンパク質の棒が束ねられた構造をしています。内径や内側に配列しているアミノ酸の側鎖の性質によってチャネルがどんなイオンを通すかが決まります。

■チャネルが開くしくみ

ナトリウムチャネルやカルシウムチャネルはよく知られています。チャネルが開くメカニズムは，電位変化による方式と受容体に情報分子が受容される方式の2つがあります。電位方式のカリウムチャネルは6本のαヘリックスと逆平行のβシートからなるユニットが4つで1つのチャネルを構成していると考えられています。

■水分子の輸送

リン脂質二重層には疎水性の領域が存在するため，水分子は細胞膜を透過しにくいです。水分子のほとんどは，アクアポリンと呼ばれるチャネルを介して細胞膜を透過しています。アクアポリンが存在すると細胞膜の水の透過速度は極めて大きくなります。水の移動が盛んな細胞にはアクアポリンが多く存在し，移動する水の量の調節はアクアポリンの量を変化することで行われます。

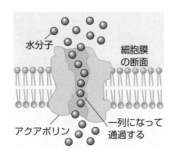

図3　アクアポリンによる水分子の移動

腎臓の集合管上皮などの細胞の細胞膜にはアクアポリンという水分子を通すチャネルが存在し，リン脂質二重層を通過しにくい水の透過性を高めています。チャネルでは濃度勾配に従って物質が輸送されます。これも受動輸送の1つです。

2 アクアポリン

膜タンパク質の働き

■膜タンパク質の移動

　細胞膜が陥入したり小胞が細胞膜に融合することで膜タンパク質が移動します。タンパク質合成の場であるリボソームで合成された膜タンパク質が細胞膜へ輸送されるときは，小胞体はゴルジ体を介して小胞の膜に組み込まれた状態で運ばれます。この小胞が細胞膜に融合することで膜タンパク質も細胞膜に組み込まれます。

　一方，膜タンパク質が細胞内に取り込まれるときは，膜タンパク質を含む細胞膜が陥入して小胞となります。細胞膜に取り込まれた膜タンパク質は，再び細胞膜へ輸送されたり，リソソーム*で分解されたりします。

biochemical words

*リソソーム
リソソームはゴルジ体から輸送された分解酵素を含んでいる。リソソームは細胞内で生じた不要物を取り込んだ小胞と融合し，不要物はその内部で分解される。

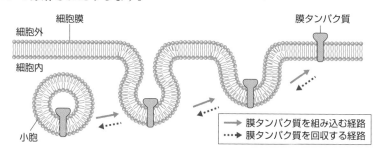

図1　移動のしくみ

■腎臓の集合管における膜タンパク質の移動

　膜タンパク質の移動は細胞内外の物質の移動の調節に関わっています。集合管での水の再吸収を促進するバソプレシンというホルモンによって，アクアポリンを含む小胞が集合管の内側の細胞膜へ移動します。これによって，集合管内側の細胞膜のアクアポリンの数が増加し，集合管から水の再吸収が促進されます。

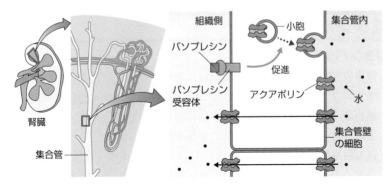

図2　バソプレシンの働きかけ

■アクアポリンの発見にいたる膜タンパク質

　細胞膜は脂質とタンパク質からなります。脂質分子には多くの種類がありますが，どれも親水性（水に親和性の高い）の頭部と疎水性（水に親和性の低い）の尾部からなり，図3のように脂質二重膜を形成します。細胞膜にはさまざまな膜タンパク質が組み込まれており，細胞内の環境を調節するなど重要な機能を担っています。

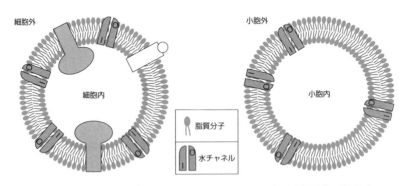

ア．赤血球膜（模式図）
赤血球の細胞膜にはさまざまな種類の膜タンパク質が組み込まれている。水チャネルはどれもO端を細胞外に向けI端を細胞内に向けている。

イ．人工膜小胞（模式図）
膜に組み込まれた水チャネルの方向はばらばらである。

図3　膜タンパク質の性質の違い

　図3アのように赤血球膜ではすべての膜タンパク質が特定の端を細胞の外側に向け，反対の端を細胞の内側に向けています（これを正方向とし，反対向きを逆方向とする）。

　ある特定の種類の膜タンパク質の性質を調べるには，人工膜小胞を用います。脂質分子と1種類の膜タンパク質を混ぜると，脂質二重膜で囲まれた直径0.1 mm程度の小胞ができ，この膜に膜タンパク質が組み込まれます（図3イ）。この場合，この膜タンパク質はふつう正方向を向くものと逆方向を向くものがほぼ半々となります。

ピーター・アグレの実験

■タンパク質がアクアポリンとなる可能性

　脂質二重膜の中央部は疎水性であるため，単位時間，単位面積あたりに透過する水分子の数は少ないです。他方，動物の赤血球，腎臓の細胞，あるいは植物の細胞では細胞膜を横切って多量の水を高速に通すことができます。このような細胞の細胞膜には水分子だけを選択的に，かつ高速に透過させる水チャネル（アクアポリン）という膜タンパク質が多量に存在します。

　多くの研究者は水チャネルがあるに違いないと考えていましたが，長い間その存在を証明した人はいませんでした。1992年，ピーター・アグレ（Peter Agre）はヒト赤血球膜に多量に存在するタンパク質を研究していたところ，ある偶然からそのタンパク質（Pと呼ぶことにする）が水チャネルではないかと気づき，それを証明しようと以下の実験を行いました。

■アフリカツメガエルの卵母細胞に mRNA を注入する実験

　アフリカツメガエルの卵母細胞は特定の成熟段階で停止した未成熟な卵細胞です。この細胞内ではDNAの遺伝情報をもとに活発にタンパク質が作られ，作られたタンパク質は細胞膜に埋め込まれ機能します。これを膜タンパク質を細胞膜に発現させるといいます。ピーター・アグレたちは，この性質を利用して実験を行いました。

アフリカツメガエルの実験手順と結果

手順

① 卵母細胞Ａ：ヒトのタンパク質Ｐの遺伝情報を持つmRNAを含む溶液を
　　　　　　　アフリカツメガエルの卵母細胞に注入。

　　卵母細胞Ｂ：mRNAを含まない溶液を同量注入。

　　卵母細胞Ｃ：Ａとは別の膜タンパク質の遺伝情報を持つmRNAを注入。

② 卵母細胞Ａ，Ｂを注入操作の後72時間，室温で等張液（アフリカツメガ
　エルの体液の浸透圧にほぼ等しい塩溶液）中に放置。

③ その後，卵母細胞を入れた外液を約3倍量の蒸留水で薄める。

結果

卵母細胞Ａ：図4のグラフのピンクの丸で示したように膨張して数分の後に
　　　　　　破裂した（矢印）。

卵母細胞Ｂ：グラフの白丸で示すように多少膨張したものの1時間経過して
　　　　　　も破裂せず。

卵母細胞Ｃ：細胞膜にこの膜タンパク質は発現されたが，卵母細胞Ｂと同様
　　　　　　に破裂しなかった。

卵母細胞にmRNAを注入した実験結果のまとめ

	卵母細胞Ａ	卵母細胞Ｂ	卵母細胞Ｃ
注入した溶液の mRNA	ヒトタンパク質Ｐの遺伝情報を持つmRNA	mRNAを含まない	Ａとは別の膜タンパク質の遺伝情報を持つmRNA
膜タンパク質の発現の有無	発現	—	発現
水の摂り入れ	膨張して破裂	多少膨張するが破裂はせず	ほとんど膨張せず，破裂もせず

■なぜ卵母細胞Ａ，Ｂ，Ｃで結果が違ったのであろうか？

　この実験で卵母細胞Ａは破裂し，卵母細胞ＢとＣは破裂しなかったのは，卵母細胞Ａではアクアポリンがつくられて，大量の水が急速に細胞内に流入したためと考えられます。卵母細胞ＢとＣではそのような水の急速な流入がなかったためと考えられます。

　水の急速な流入を引き起こした原因は，細胞内外の浸透圧の差です。蒸留水で外液を希釈したために細胞外液の浸透圧が細胞内の液の浸透圧に比べて低くなりました。

　卵母細胞 A のみで水の急速な流入が起きたのは，卵母細胞 A の膜にのみアクアポリンが発現されたからと結論できます。

　卵母細胞 B が多少膨張したのは脂質二重膜を通してゆっくりとした水の流入があったためです。

　卵母細胞 C でほとんど膨張しなかったのは，発現したタンパク質がアクアポリンではなく水の透過に関する機能をもっていないためです。

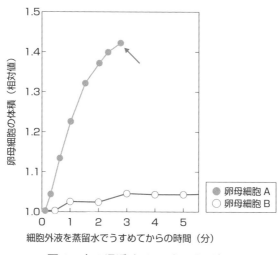

細胞外液を蒸留水でうすめてからの時間（分）

図4　水の浸透するスピードの違い

水チャネルとタンパク質 P

■タンパク質 P がアクアポリンそのものとは言えない理由

　ただしこの実験のみから，タンパク質 P が水チャネルそのものであると
は断定できません。それは (1)「水チャネルの本体は卵母細胞膜にすでに存
在していたが機能しておらず，タンパク質 P がその水チャネルを活性化し
た」という可能性を否定できないからです。つまり，アクアポリンがすで
に存在していて，今回導入した mRNA が発現して生じたタンパク質が不

活性型のアクアポリンを活性化した可能性が出てきました。この可能性を否定するために次の実験を行いました。

■ 水チャネルがすでに存在していたという可能性を否定する実験

　このような発想は研究者として常に要求されるもので，それに対応する実験を設定しておく必要があります。

　ピーター・アグレたちはさらに，赤血球からタンパク質Pを単離・精製し，それを脂質分子と混合して人工膜小胞を作りました。この人工膜小胞を等張液（浸透圧が人工膜小胞内液のそれに等しい液）中に入れ，その液にスクロースを加えてすばやくかき混ぜました。この結果，人工膜小胞の体積が急速に減少したのです。

　この体積減少の速度は，人工膜小胞に含まれるタンパク質Pの量に比例しました。タンパク質Pを含まない人工膜小胞の体積減少はほぼゼロでした。この関係により，タンパク質Pの1分子あたりの水分子の透過率（単位時間あたりに透過した水分子の数）を求めました。

　他方，同一条件下で赤血球膜を透過する水の量を測り，それを赤血球膜に含まれるタンパク質Pの数で割ってタンパク質Pの1分子あたりの水分子の透過率を求めました。

　こうして求めた2つの透過率はほぼ等しく，また電子顕微鏡で調べると，(2)人工膜小胞の膜に組み込まれたタンパク質Pの方向は正方向と逆方向がほぼ半々で（p.178の図3イ），それに対し，赤血球膜ではタンパク質Pはすべて正方向でした（p.178の図3ア）。

　次の問題で，理解度を確かめましょう。

問題
問1　この一連の実験によって下線部 (1)（前ページの下から4，3，2行目）の可能性が否定される理由を簡潔に述べなさい。

問2　下線部 (2) のような違いにかかわらず，赤血球膜と人工膜小胞の膜の水分子の透過率は，水チャネル1分子あたりで比較するとほぼ等しかった。このことから結論される水チャネルの機能の特徴を簡潔に述べなさい。ただし，水チャネルは1分子ずつ独立に機能する。

解答

問1 人工膜小胞の膜に存在するタンパク質Pは他のタンパク質の存在無しで水チャネルとして機能した。

問2 水チャネル分子は正方向でも逆方向でも同じように機能する。

ピーター・アグレとアクアポリン

■アクアポリン（aquaporin（AQP））と水チャネル

　細胞膜を形成する脂質二重層は基本的に水を通過させないが，いくつかの細胞，たとえば赤血球や腎臓上皮細胞では高い水透過性があることが知られており，100年以上前からおそらく特別な通過路，膜タンパク質で水だけを通過させる水チャネルが存在するに違いないと考えられていました。

　ピーター・アグレは赤血球の研究者であり，赤血球の膜タンパク質の解析をしている時に，質量28 kDa*の未知のタンパク質が大量に存在することに気づき，タンパク質の部分シークエンスから完全なcDNAクローニングに成功しました。当初CHIP28と名付けられたそのタンパク質は，シークエンスから膜6回貫通タンパク質であることが推定され，水チャネルの可能性が考えられました。

　そしてアフリカツメガエル卵での発現実験によりその可能性が事実であることが証明されたのです。1992年のことでした。長く求められていた物質が見つかった瞬間であり，その後この膜タンパク質にはアクアポリンaquaporin（AQPと略される）の名前が付けられました。

biochemical words

*kDa
おもにライフサイエンスで原子や分子の質量を表す慣用的に使われる単位。質量数12の炭素原子である^{12}Cの質量の1/12を1ドルトンとしたとき，その1000倍の単位である。化学者ドルトン（John Dalton）にちなむ。
質量数12の炭素原子^{12}Cの質量に対する相対的な質量（したがって，単位はない）である原子量，分子量とは異なる。

■アクアポリンの種類

　水が生命にとって不可欠であり，それの通過路であるアクアポリンは細菌から哺乳類まで普遍的に存在しており，哺乳類には現在までに13種類のアクアポリンが確認されています。水を求めて移動できない植物では30

種類以上のアクアポリンが見つかっています。

　最初に発見された CHIP28 は AQP1（AQP はアクアポリンのこと）となり，腎臓の尿濃縮や，毛細血管，肺，腹膜などでの水輸送に関与していることが明らかにされています。続いて見つかった AQP2 は腎臓の集合管に存在し尿濃縮に決定的な役割を果たしており，この遺伝子の変異で腎性尿崩症という多飲多尿を示す病気になることが明らかになりました。

　多くのアクアポリンが体内に存在し，水輸送が豊富な臓器には多数の，そして１つの細胞に複数種のアクアポリンが存在することも認められており，アクアポリンは互いに協調しながら働いていると考えられています。なにはともあれ，水という生命に直結する普遍的分子の細胞膜通過路が見つかったことは，生命科学の歴史上１つの大きな出来事でした。

●ピーター・アグレ（Peter Agre, 1949-）
　アメリカ人の医学博士，分子生物学者であり，生化学者。
2003 年に，アクアポリンの発見により，ロデリック・マキノンとともにノーベル化学賞を受賞しています。
　ノーベル化学賞の受賞理由の説明でも触れられていたのですが，アクアポリンの発見は狙ったものではなく，ほかのことをやっている時に偶然幸運にも大きな発見をする"serendipity"であり，一方マキノンの仕事は狙って大きな賭けに挑戦して成功したものでした。

3 さまざまなチャネル

イオンチャネルの種類

■ 電位依存性イオンチャネル

　　チャネル近傍の膜電位の変化によって活性化されるイオンチャネルで
す。膜電位はチャネルタンパク質のコンフォ
メーション[*1]を変化させ，チャネルの開閉を調
節します。一般的に細胞膜はイオンを透過させ
ないため，イオンは膜貫通タンパク質のチャネ
ルを通って拡散する必要があります。

　　電位依存性イオンチャネルは**神経組織**や**筋組
織**など興奮性細胞で重要な役割を果たし，電位
変化に応答した迅速かつ協調的な脱分極[*2]を可
能にします。電位依存性イオンチャネルは軸索
やシナプス上に存在し，方向性を持って電気信
号を伝達します。電位依存性イオンチャネルに
は通常イオン特異性が存在し，**ナトリウムイオ
ン（Na⁺），カリウムイオン（K⁺），カルシウ
ムイオン（Ca²⁺），塩化物イオン（Cl⁻）にそ
れぞれ特異的なチャネルが同定されています。**
チャンネルの開閉は，細胞膜の両側のイオン濃
度，すなわち電荷勾配の変化によって引き起こ
されます。

biochemical words

[*1] コンフォメーション
分子の立体構造のことをいい，
生化学では，タンパク質や核酸
のような高分子物質の，多様に
変化しうる高分子構造について
いうことが多い。コンフォメー
ション＝立体構造と考えておけ
ばよい。

[*2] 脱分極
膜電位に関して内側が外側に対
して負になっていることを分極
といいます。このときの内側の
電位を静止電位と言います。静
止電位から正の方向に変化する
ことを脱分極といい，負の方向
に変化することを再分極とい
い，その電位が最初のときより
も小さく（マイナスが大きく）
なることを過分極という。
再分極の際，最初の静止電位よ
り膜電位がマイナスになること
を過分極という。

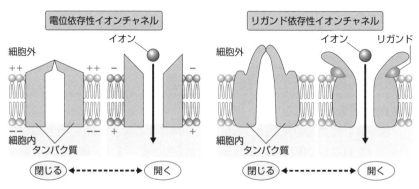

図1　電位依存性イオンチャネルとリガンド性イオンチャネル

■リガンド依存性イオンチャネル

　まずリガンド★³ という言葉ですが，これは受容体と特異的に結合する分子のことをいいます。リガンドの代表的な例としては神経伝達物質などがあります。シナプスにある受容体の多くが，リガンドと結合することで，イオンを通すように変化します。これをリガンド依存性イオンチャネルといいます。

biochemical words

★³ リガンド

リガンド（ligand）とは，特定の受容体に特異的に結合する物質のこと。「特異的に」というのは，「特定の物質とだけ」ということである。リガンドの特徴は，受容体の特定の部位（リガンド結合サイト）に結合することである。

リガンドと受容体の関係は，酵素阻害剤の鍵と鍵穴の概念に似ている。つまり，リガンドは受容体の特定の部位に対して選択的・特異的に高い親和性を示す。リガンドごとに異なる受容体が存在している場合が多く，細胞の種類によって受容体の分布は大きく異なる。リガンドが結合すると受容体に立体構造の変化が生じ，特定の生物学的反応が引き起こされる。

further study

　細胞内は特に刺激が与えられないときは負に帯電しています。この理由を考えてみましょう。細胞膜には，常に開いているカリウムチャネル（これはK^+リークチャネルとよばれる）が存在し，K^+は細胞外へ拡散しようとします。しかし，K^+が細胞外へ出ると，細胞内はわずかに電気的に負になってK^+を引き戻そうとします。ある程度K^+が細胞外へでると，K^+が拡散しようとする力と引き戻そうとする力がつり合い，見かけ上K^+の移動が止まります。その結果，細胞膜の外側表面に陽イオンが，内側表面には陰イオンが集まります。このような状態の膜電位が静止電位となります。

濃度勾配に左右されない輸送

■能動輸送を行うポンプ

　膜を介して濃度勾配に逆らって物質を輸送する場合には，ATP のエネルギーを利用して能動輸送を行う機構が必要となります。細胞膜に存在するナトリウムポンプという分子機構は，ナトリウム－カリウム ATP アーゼという酵素によるメカニズムです。

　これは ATP を分解して生じるエネルギーを利用して，Na^+ を細胞外に汲み出し，K^+ を細胞内に取り込んでいます。このように濃度勾配と逆の働きをするには，輸送タンパク質が必要となります。この働きを「能動輸送」といい，ポンプには ATP の加水分解などの代謝エネルギーが関係します。

■赤血球内外のイオン濃度

赤血球と細胞外液の Na^+ と K^+ 濃度の違い

赤血球内液	細胞外液（血しょう）
ナトリウムイオン 3.3	ナトリウムイオン 31.1
カリウムイオン 31.1	カリウムイオン 1.0

　赤血球の内部と外部の血しょう中では，Na^+ と K^+ の濃度が上記の表のようになっています。Na^+ は細胞外液で濃度が高く，赤血球内液では低くなっています。逆に K^+ は赤血球内液では濃度が高く，細胞外液では低く維持されています。これは，ナトリウムポンプ（Na^+ ポンプ）が働いているためです。

　ナトリウムポンプの実態である Na^+/K^+-ATP アーゼは，Na^+ と K^+ が結合できるようになっています。細胞内にある 3 個の Na^+ がこの輸送タンパク質に結合することで準備が整い，ATP のエネルギーでタンパク質の立体構造が変化して Na^+ を細胞外に排出します。次に細胞外の 2 個の K^+ がこの輸送体に結合します。K^+ の結合によって輸送体はもとの状態に戻り，K^+ は細胞内に取り込まれるのです。このポンプの働きによって，細胞内の Na^+ 濃度は低く，K^+ 濃度は高く保たれます。

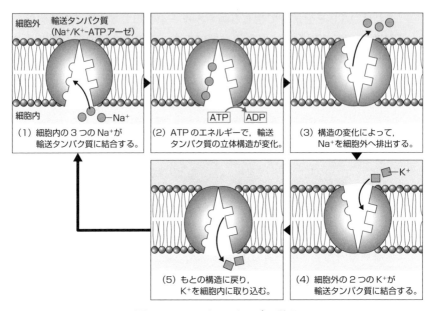

図2　ナトリウムポンプの動き

4 受容体

情報伝達の方法

■細胞間における情報伝達の種類

　多細胞動物において，細胞間で情報を伝達することは，細胞どうしが協調して働くうえで欠くことができません。細胞間の情報伝達の多くは，細胞膜に存在する受容体とよばれる膜タンパク質が，他の細胞の分泌物や提示物などのシグナル分子★¹を受容して行われます。受容体には多くの種類があり，それぞれ受容する分子が決まっています。

　シグナル伝達★²は，作用を受ける細胞（これを標的細胞と呼びます）に対して，シグナル分子がどのように放出されるかによって大別することができます。

1) 接触して提示する

　これは，標的細胞へ直接シグナル分子を提示する場合です。具体的には，樹上細胞（抗原提示細胞）がMHC★³上に抗原ペプチドを提示し，ヘルパーT細胞などのリンパ球への抗原情報の提示などがあります。

2) シグナル分子を標的細胞の近くで分泌する

　これには，成長因子やBMP★⁴などの胚発生に働くタンパク質があります。局所的に作用する因子を標的細胞の近くで分泌するものです。

3) 標的細胞との間でシナプスを形成する

　ノルアドレナリンやアセチルコリンなどの神経伝達物質が代表的な例で，神経の軸索末端からシナプス間隙に神経伝達物質を放出する場合などがあります。

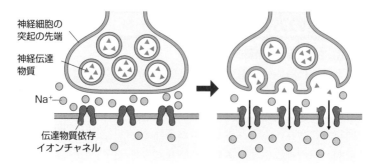

図1　細胞間における情報伝達

4）内分泌型

　グルカゴンや糖質コルチコイドなどのホルモンを想定すればよいでしょう。内分泌細胞が血液中にホルモンを分泌します。このホルモンが血液によって運ばれ標的細胞に作用します。ホルモンにはポリペプチドのものとステロイドのものがあります。グルカゴンはペプチドホルモンで受容体は細胞膜にありますが，糖質コルチコイドの受容体は細胞質に存在します。

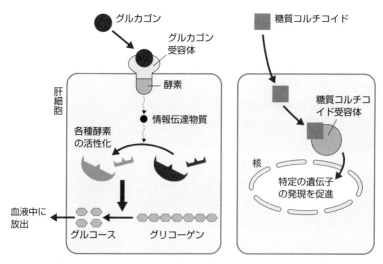

図2　グルカゴン受容体と糖質コルチコイド受容体

細胞膜にある受容体

■細胞膜に存在する受容体の種類

　受容体は，イオンチャネル型，酵素型受容体，Gタンパク質共役型受容体，転写因子型受容体に大別されます。

1）イオンチャネル型受容体

　シグナル分子が結合すると，受容体の構造が変化して特定のイオンが通過できるようになります。たとえば，アセチルコリンが受容体に結合すると細胞外にあるNa^+がここを通り細胞内に流入するなど，興奮の伝達に関与するものに多く見られます。

2）酵素型受容体

　シグナル分子が結合すると，細胞内部に突き出た部分が活性化して，リン酸化を促進する酵素として働き，細胞内に情報が伝えられるものがこれに該当します。

　細胞膜の酵素型受容体の多くは，細胞の内部にリン酸化酵素として働くキナーゼ領域を持っています。これらの受容体はシグナル分子が結合すると，**二量体**（dimer）になり，お互いに結合した相手のタンパク質のチロシンをリン酸化します。

　代表的なものに上皮成長因子によるシグナル伝達があります。上皮成長因子（EGF）シグナルは，増殖，分化，細胞運動性，および生存などのさまざまな生物学的反応を制御します。EGF受容体によるシグナル伝達では，まずシグナル分子が結合したEGF受容体は二量体となり活性化します。それぞれがチロシンキナーゼとして互いにリン酸化してしまいます。受容体の細胞質側がリン酸化されると，アダプタータンパク質を介してRasを活性化させます。これにより，MAPキナーゼの活性化が起こり，これが引き金となって転写因子を活性化することでタンパク質合成を促進します。

3）Gタンパク質共役型受容体

　GDPやGTPに結合するタンパク質はGタンパク質と総称されます。Gタンパク質共役型の受容体にシグナル分子が結合すると，Gタンパク質に結合していたGDPがGTPと入れかわります。これによって活性化したGタンパク質は他の酵素などと結合してその活性を調節します。

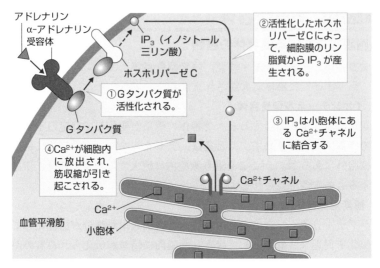

図3　Gタンパク質共役型受容体

　たとえば，上の図のように，Gタンパク質によってアデニル酸シクラーゼと呼ばれる酵素が活性化された場合，cAMP（サイクリックアデノシン一リン酸）という物質が大量につくられます。cAMPは他の酵素を活性化させたり，発現する遺伝子を変えたりして，最終的に細胞に一定の反応を起こさせます。cAMPのような物質はセカンドメッセンジャーと呼ばれます。セカンドメッセンジャーにはcAMP以外にイノシトール三リン酸やCa^{2+}などがあります。

■ Gタンパク質の3つのタイプ

　Gタンパク質には3つのタイプがあることがわかっています。①アデニル酸シクラーゼの活性化行う（cAMPの濃度上昇をもたらす），②アデニル酸シクラーゼの抑制を行う（cAMPの濃度低下をもたらす），③ホスホリパーゼCの活性化を行う（イノシトール三リン酸の濃度上昇をもたらす）ものがあります。

　①の受容体としては，アドレナリンβ受容体，グルカゴン受容体などがあります。②の受容体としては，アドレナリンα$_2$受容体，セロトニン5-HT$_1$受容体などがあります。③の受容体としては，アドレナリンα$_1$受容体，ムスカリンM$_1$受容体などがあります。

further study

　セカンドメッセンジャーは細胞内で多量に産生され，すばやく拡散して情報を細胞内に広く伝達する役割を担います。セカンドメッセンジャーがあるなら当然ファーストメッセンジャーが存在します。ファーストメッセンジャーは細胞間の情報伝達を行う物質でホルモンや神経伝達物質がそれに該当します。

細胞膜を通過する受容体

■転写因子型受容体

　これまで述べてきた受容体は，細胞膜にあるものです。これはシグナル分子が水溶性のため細胞内に入ることができないためです。ところが，グルココルチコイドやアンドロゲン，エストロゲンといったステロイド性のホルモンは細胞膜を通過して細胞内に入ることができます。

　細胞内や核内にはこれらのシグナル分子と特異的に結合する転写因子型受容体があります。このような受容体は，核内受容体とも呼ばれています。この受容体はDNAに結合するためのジンクフィンガーとよばれる特別な構造を持った転写因子の一種と考えることができます。

　最後に，シグナル伝達に関する演習問題を取り上げます。大学の定期考査の問題や編入試験の問題ともなりえます。少し考えていきましょう。**細胞増殖**と**シグナル伝達**を考察する問題です。

問題　細胞が増殖するためには，細胞外にある増殖因子と呼ばれるタンパク質が，細胞膜を貫通する受容体の細胞外の部位に結合し，その受容体の細胞内にある部位に結合する分子（基質）をリン酸化（基質にリン酸基を共有結合させること）して，細胞に増殖を促すシグナルを伝達するケースが多い。基質のリン酸化は以下のような反応で生じ，受容体の中にある基質をリン酸化する部位が，リン酸化酵素としてこの反応を触媒する。

基質 ＋ ATP → リン酸基が結合した基質 ＋ ADP

この受容体からのシグナル伝達異常は細胞の異常な増殖を促し，がんの原因になることが知られている。

　ある受容体 A には，細胞外の領域に増殖因子 X が結合する部位があり，細胞内の領域に基質 B をリン酸化する部位がある。受容体 A に増殖因子 X が結合すると，受容体同士が結合し 2 分子になる。2 分子になるとリン酸化する部位が活性化し，基質 B をリン酸化することができるようになる（図1）。基質 B がリン酸化されると細胞の増殖が促進されるため，通常は増殖因子 X の存在する場合のみ，細胞増殖が促進される。

　しかし，ある種のがん細胞では，染色体の異常により，受容体 A の遺伝子の細胞外の領域と細胞膜を貫通する部位に対応する部分が他の遺伝子と入れ替わる。一方で，細胞内の基質 B をリン酸化する部位は入れ替わらない。このように，部分的に他の遺伝子と入れ替わった受容体 A を受容体 A′ と呼ぶことにする（図2）。受容体 A′ の中の他の遺伝子に由来する部位の一部には互いに結合する部位があることが判明した。また受容体 A′ は細胞膜を貫通する部位がないため，細胞内に存在する（図2）。

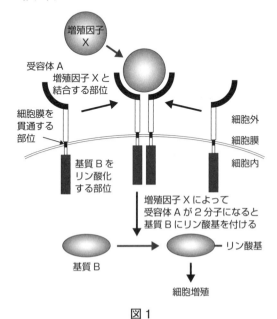

図1

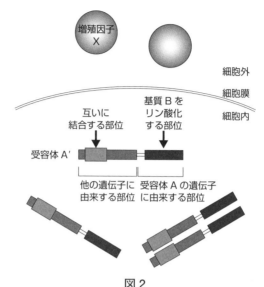

図2

（出典：Tri Le, David E. Gerber, Seminars in Cancer Biology（2016）より一部改変）

問1 受容体 A が受容体 A′ に変化した細胞では常に細胞増殖が促進されている。細胞内では受容体 A′ によってどのようなことが起きて細胞増殖が促進されるか，以下の語句をすべて用いて 80 字程度で説明しなさい。

　語句：増殖因子 X，　受容体 A′，　基質 B

問2 受容体 A′ 内の基質 B をリン酸化する部位は，基質が結合する部位と ATP が結合する部位という各々独立の部位から構成され，受容体 A′ に基質 B と ATP の両方が結合することが基質 B のリン酸化に必要である。ATP が結合する部位はくぼんでおり，ATP はそのくぼみの一部に入り込んで結合する（図3）。このがん細胞の増殖を抑える薬物 C も ATP が入り込むくぼみに入り込んで結合する（図3）。薬物 C はどのように機能して細胞増殖を抑えると考えられるか，以下の語句をすべて用いて 90 字程度で述べなさい。

　語句：ATP，　リン酸化，　基質 B，　薬物 C

図3 受容体A′内のATPが結合する部位を拡大したところ（黒い部分）

問3 薬物Cを患者に投与したところ，がんの増殖が抑制された。しかし，薬物Cを継続して投与したところ，投与期間中にも関わらず，がんが再度大きくなってしまった。この再度増殖しはじめたがん細胞では，受容体A′内のATPが結合する部位の近くのアミノ酸1つが別のアミノ酸1つに変化したことが判明した。しかしアミノ酸が変化した受容体A′が基質BやATPと結合する強さは，アミノ酸が変化する前と変わらないことも分かった。薬物Cがこの患者のがんに対して効かなくなって，がんが再度増殖しはじめた原因を，100字程度で説明しなさい。

問4 薬物Cはある種の肺がんに対してのみ強い増殖抑制効果を持ち，正常な肺や他の組織（臓器）に対する増殖抑制効果が少ない。薬物Cが，この肺がんに対してのみ強い増殖抑制効果を持ち，正常な組織（臓器）に対する増殖抑制効果が弱い理由として可能性が最も高いものを以下のa〜dの選択肢から1つ選び，記号で答えなさい。

　a. 受容体Aは正常な組織（臓器）では量（分子の数）が少ない。

　b. 受容体A内のATPが結合する部位の構造が変化した時のみ，薬物Cが受容体に結合できる。

　c. 受容体A内の基質Bが結合する部位の構造が変化した時のみ，薬物Cが受容体に結合できる。

　d. 薬物Cはこの肺がん細胞を攻撃する免疫系の細胞を不活性化する。

解答　**問1**　細胞外の増殖因子 X なしでも受容体 A′ 同士が結合して2分子
　　　　となるので，基質 B をリン酸化できるようになったため，増殖因
　　　　子の刺激なしに増殖が活性化された。
　　　問2　ATP が結合する場所の近くに薬物 C が入り込み，受容体と
　　　　ATP が結合できなくなったため，受容体による基質 B のリン酸化
　　　　が起こりにくくなって細胞増殖が抑えられた。
　　　問3　くぼみの中の ATP と薬物 C の結合に共通して関わる部位では
　　　　なく，薬物 C のみの結合に関わる部位の立体構造が変化したため
　　　　薬物 C が入り込めなくなったが，ATP は入り込めるため，細胞増
　　　　殖が再び起きるようになった。
　　　問4　a

分子生物学

Molecular Biology

1 ゲノム・遺伝子・DNA

ゲノムと遺伝子

■ゲノムとは？

細胞の中にある DNA の基本セットをゲノムと呼びます。生物の種類によって，ゲノムを構成する DNA の長さや塩基配列が異なります。ゲノムには遺伝のもととなる情報が書かれていて，同じ性質を親から子へ細胞から細胞へと伝えていく役割をもっています。親と子や，同じ種類の生物が似ているというのはこのためです。

DNA の塩基配列の中に「遺伝子」とよばれる領域があり，その情報をもとに細胞内でさまざまな働きをするタンパク質を合成することができます。生物が生きるためには，このタンパク質の働きが重要です。これらのタンパク質を「いつ，どこで，どれだけ」合成するかの情報も DNA の中に暗号化されているので，ゲノムは「生命の設計図」とよばれます。

■遺伝子とは？

DNA 上の「1つのタンパク質の設計図」に相当する部分を「遺伝子」とよんでいます。ヒトの DNA には，約2万種類の遺伝子が並んでいることになり，そのなかには臓器や血液など「からだ」を造っているタンパク質の遺伝子をはじめ，疾病や老化に係わる遺伝子，免疫や記憶に係わる遺伝子，さらには DNA に書かれた符号を解読する装置の遺伝子などが含まれています。最近は植物の遺伝子の研究も盛んで，植物の茎の太さや高さ，種子の大きさや数，温度や乾燥，薬剤への抵抗性なども，遺伝子によって決まっていることが明らかになってきました。

DNA

■ DNA と「遺伝子」は同じ意味ではない

DNA はよく遺伝子と同義語で使われることがありますが，全く同じ意味ではありません。DNA 配列が生物の設計図（遺伝情報）の役割をしています。しかし，すべての DNA 配列が遺伝情報を持っているわけではなく，遺伝情報を持っている部分と持っていない部分があります。DNA の中で遺伝情報を持っている部分のことを「遺伝子」とよびます。つまり，遺伝子は DNA の一部ということで，どのような働きをしているのか，まだまだ分かっていない DNA 配列もたくさんあります。

■ DNA の塩基配列こそが重要

実は，その DNA の塩基の並び方（塩基配列）こそがタンパク質をつくるための重要な暗号なのです。つまり，DNA の塩基配列が分かれば，どの遺伝子がどんなタンパク質をつくるための遺伝情報をもっているかが解けます。

■ 核酸はどのような物質だろうか？

核酸はヌクレオチドの重合体（ポリマー）です。ヌクレオチドは 5 炭糖の 1′ に塩基が結合し，5′ のところにリン酸が結合した構造になっています。つまり，ヌクレオチドはリン酸，糖，塩基からなるものです。その結合は，糖の 1′ において塩基は N–グリコシド結合をします。

糖の 2′ の部分はリボース（RNA の糖）では水酸基が，デオキシリボース（DNA の糖）では水素が結合しています。

糖の 3′ の部分は隣り合うヌクレオチドのリン酸が結合します。この炭素の原子の番号が核酸の方向性を示す名前として用いられています。5′ の C につくリン酸基で終わる末端を 5′ 末端，その反対側の糖で終わる末端を 3′ 末端といいます。

■ DNA の構造

ワトソンとクリックは，それまで得られていた DNA 構造に関する情報を集約して 1 つの論理性に富むモデル構造をつくろうとしていました。結晶構造解析の結果，DNA 分子がらせん状構造をしていると考えました。

分子内に 2 本のポリヌクレオチド鎖があり逆平行に走っているのではないかと考えたのです。彼らがこの二重らせんのモデルを出す前にシャルガフは DNA の塩基の割合について A＝T，G＝C という関係を報告していました。この結果を考慮して，DNA の 2 本鎖では A と T，C と G が対になっているというモデルでした。

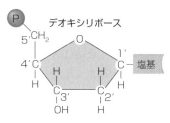

図1　ヌクレオチド

DNA の特徴

①塩基が相補的に水素結合している。
②2本のヌクレオチドが逆向きに結合している。
③DNA には2種類の末端（5′末端と3′末端）があり，方向性がある。

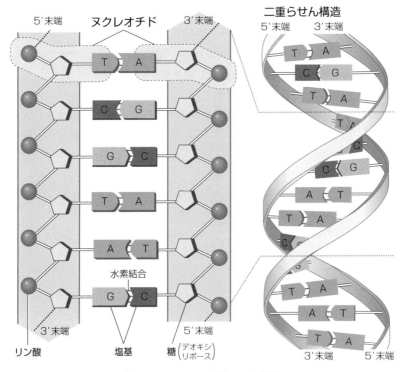

図2　DNA の二重らせん構造

　図2の右図は二重らせん構造をとる DNA の図で，それを詳細に示した
のが左図です。左の図で，2本鎖は一方が 5′→3′ となっているとき，他方
は逆向きに 3′←5′ になっている点に注意して下さい。

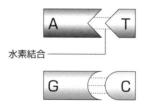

水素結合

GとCの間の水素結合はAとTの間の水素結合より強い。

　塩基間の結合はAとTの間では水素結合が2本，GとCの間の水素結合は3本あるので強くなっています。このためCとGを多く含むDNAは解離しにくく安定度が高いのです。

2 DNA の研究と実験の歩み

DNA の研究のはじまり

■ DNA の複製の仮説

　1953 年，ワトソンとクリックは DNA の二重らせんモデルを発表し，その 1 か月後には，自分たちが考えた DNA の分子モデルを用いて，DNA の自己複製をみごとに説明しました。ただし，彼らは論理の構築に徹底的に時間を費やしているためその実験データが不足していました。この複製のしくみは半保存的複製仮説とよばれるものです。

■ DNA 複製の検証

　1950 年代の分子生物学が始まった当初，DNA の複製は 3 つのタイプがあると考えられていました。(A) **半保存的複製** (B) **保存的複製** (C) **分散的複製** の 3 通りが検討されました。

(A) **半保存的複製** は，元の 2 本鎖 DNA は解離して，それぞれが鋳型となり新しい DNA ができるというものです。この結果つくられた 2 本鎖 DNA は 1 本が元の DNA でもう 1 本が新たに複製されたもので，半分が保存された状態のものなのでこのような名称がついています。つまり，新しい DNA は古い鎖と新しい鎖を 1 本ずつもっています。

(B) **保存的複製** は元の DNA がそのままで鋳型となり同一の 2 本鎖 DNA ができ，そして 2 本鎖の解離なしに立体コピーされたように新しい DNA ができるというものです。この複製様式では元の二重らせんは鋳型となるものの，新しい鎖には含まれません。

(C) **分散的複製** は鋳型 DNA と新たな DNA とが混在するものが複製されるというものです。この複製様式では，元の DNA 分子の断片が新しい 2 個の分子の組み立ての鋳型となり，おそらく無作為に古い部分と新しい部分が含まれます。

　ワトソンとクリックの最初の論文では，DNA 複製が半保存的であると示唆していましたが，コーンバーグの実験ではこれらの 3 つのモデルの中でどれが正しいのか結論できませんでした。

元の DNA　　　　　1 回の複製後

(A)

> 半保存的複製では古い DNA と新しい DNA の両者を持つ分子が作られるが，それぞれの分子は元のままの古い鎖 1 本と完全に新しい鎖 1 本の両者を含むだろう

(B)

> 保存的複製では元のままの分子が保存され，完全に新しい分子が合成されるだろう

(C)

> 分散的複製では古い DNA と新しい DNA がそれぞれの鎖に散らばった 2 つの分子が合成されるだろう

メセルソンとスタール

■ DNA の複製は半保存的複製に行われる

　マシュー・メセルソン（Matthew Meselson）とフランクリン・スタール（Franklin Stahl）の研究によって DNA の複製が半保存的に起こることが証明されました。

　彼らは元の DNA 鎖と新しく複製された DNA 鎖を区別するために密度標識を用いたのです。窒素には普通の窒素は ^{14}N ですが ^{15}N という**安定同位体**[*1] があったのです。^{14}N に対して ^{15}N は重い窒素ということになります。しかし，非放射性の同位体であるため放射性物質の追跡などはできない点が少し面倒でした。

biochemical words

[*1] 安定同位体
安定同位体とは同位体のうち，自然界で放射能を放出しないものをいう。安定同位元素と同じ意味。放射性同位体（ラジオ・アイソトープ）と対比される。安定同位体は 81 種類ある。例えば水素の場合，通常は陽子 1 個，中性子は 0 個というものがほとんどだが，わずかに重水素（^2H：中性子 1 個），トリチウム（^3H：中性子 2 個）という同位体が存在する。このうち通常の水素及び重水素は安定同位体であり，トリチウムは放射線を出すので放射性同位体と呼ばれる。

■メセルソンとスタールの実験

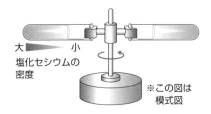

大 ▶ 小
塩化セシウムの
密度

※この図は
模式図

高速回転により遠心力を加えると，試験管の底ほど塩化セシウム
の濃度が高くなり，密度の勾配が形成される。
このとき，DNAを加えておくと，DNAとつり合う溶液の密度の
部分にDNAが集まってバンドをつくる。

メセルソンとスタールは，^{15}N のみを窒素源として含む培地（^{15}N 培地）で何世代も培養した大腸菌を ^{14}N 培地に移して増殖させました。分裂のたびに大腸菌から DNA を抽出し，塩化セシウム溶液に入れて**密度勾配遠心法**[★2] を用いてその比重を調べていったのです。

長時間遠心分離したときの DNA 分子のバンドの位置は，以下のように予想されます。

biochemical words

[★2] 密度勾配遠心法
塩化セシウム（CsCl）溶液に高速回転による遠心力を加えると，密度に勾配が生じ，遠心管の底にいくほど密度が高くなる。このときあらかじめ DNA を加えておくと，DNA は自身の密度と同じ塩化セシウムの密度の部分に層をつくるため，比重の異なる DNA を区分することができる。

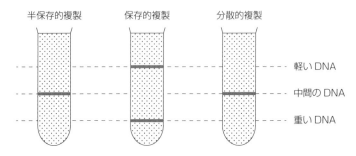

半保存的複製　　保存的複製　　分散的複製

軽い DNA

中間の DNA

重い DNA

図1　1回分裂した後に予想される DNA の分布

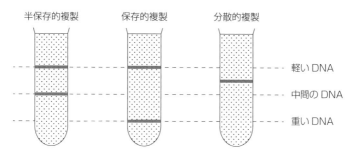

図2 2回分裂した後に予想される DNA の分布

　実験の結果，^{14}N で1回目の分裂を終えた大腸菌では中間の重さの DNA が得られました。2回目の分裂が終えた大腸菌から取り出した DNA では，中間の重さの DNA と軽い DNA が1：1の分離比で出現しました。

　1回目の分裂した結果から保存的複製が否定されます。もし保存的複製が正しければ，1回目の複製で重い DNA と軽い DNA が1：1の比で出現するはずだからです。

　2回目の実験結果から，分散的複製が否定されます。分散的複製が正しければ，1回目の複製結果はすべて中間の重さの DNA が出現し，2回目の複製では中間の重さと軽い DNA のほぼ中間の位置に DNA の分布が認められるはずです。しかしそのようになっていないことから，分散的複製は否定されました。

　このことにより，DNA は2本のヌクレオチド鎖のそれぞれが鋳型となって，半保存的に複製されることが実験的に証明されました。

DNA と，タンパク質の合成，そして RNA

■ DNA から遺伝情報はどのように発現するのか？

　1953年までには，メンデルが発見した遺伝子の本体が DNA であることはほぼ間違いないと思われてはいましたが，そこに横たわる最大の問題点は，どの生物から抽出しても性質がよく似ている DNA 分子が，どのようにしてさまざまな働きをもつ遺伝子として働くことができるのかという点の解明でした。

　ここで，遺伝子の持つべき性質を考えてみると，細胞分裂に際して高い精度で複製し2つの細胞に均等に分配されます。しかもこの複製は半保存

的に行われることがわかってきました。問題は，遺伝情報を複製して子孫に伝えることから，「どのようにして，形質を発現するか？ つまり必要なタンパク質を合成していくのか？」という点に焦点が移ります。

■カスパーソンとブラシェの研究をヒントに

一方，1940年代の前半には，スウェーデンのカスパーソン（Torbjörn Oskar Caspersson）とフランスのブラシェ（Jean Louis Auguste Brachet）によって，タンパク質の合成にはRNAが関与しているらしいという組織化学的な報告が独立になされており，さらにその後，クリックにより，細胞の中には遺伝子（DNA）とタンパク質を「橋渡し」する何らかのアダプター分子（おそらくRNA）の存在が予測されたのです。

それまでの研究によってDNAが細胞の核に存在することはわかっていましたが，タンパク質の合成は，核の外側にあってRNAとタンパク質からできているリボソームと呼ばれる構造の上で行われるということが次第に明らかになってきました。すでに，いろいろな組織に多種類の性質の異なるタンパク質（その多くは酵素）があって生命活動を支えていることが知られていましたので，「遺伝子はどのようにして働くのか」ということを突き詰めて考えると，それはタンパク質を合成することなのではないかという考えに至ったのです。

■ DNAとタンパク質を結ぶRNAの役割

それでは，当時タンパク質が合成されることと遺伝子が働くことを結びつける何らかの根拠が存在したのでしょうか？

1952年にハーシーとチェイスは，大腸菌に寄生するウイルスであるバクテリオファージの感染に際してはDNAのみが細胞の中に入り，その後何らかの過程を経てタンパク質ができ，ファージ粒子がタンパク質に包まれて出てくることを示しました。また，1941年に，ビードルとテータムがアカパンカビの突然変異の解析から**一遺伝子一酵素仮説**[★3]を唱え，DNAからタンパク質ができてくることを考えていたことになります。

知見をまとめると，「DNAは遺伝情報を担い，その情報に基づいてタンパク質を作ることで機能を果たしている」ということになります。程度の差はあったにしても，多くの科学者はこの

biochemical words

[★3] 一遺伝子一酵素説

一遺伝子一酵素説とは1個の遺伝子が1つの特定の酵素の生成を支配しているという考え。ただし，現在では1つの遺伝子が複数のタンパク質（酵素）をつくる場合があることがわかっている。

ように理解するように分子生物学の研究対象ベクトルは変化していきました。それに加えて，一部のウイルスではRNAがDNAに代って遺伝情報を担っているということもわかっていましたので，彼らは，DNAとRNAの間には遺伝情報の伝達の過程での密接な関係が存在すると考えていたと思われます。

■クリックの画期的考え

このような背景に立ってクリックは，アダプター分子の予想からさらに進めて，1958年にいわゆる「セントラルドグマ（central dogma；中心教義）」を提出しました。これは，遺伝情報はDNAに保存されており，そこからDNAの塩基配列（の一部）を写し取ったRNAが作られ，さらにそのRNAの塩基配列が何らかの仕組みでアミノ酸の配列に変換されてタンパク質になるというものです。

遺伝情報はDNAからDNAに複製され，メッセンジャーRNAに転写（おそらく遺伝子単位で）され，その上でタンパク質のアミノ酸の配列へと翻訳されることを仮定しています。 後になって，RNAに転写された後に一部が除去されるスプライシングという仕組みのあること，RNAに転写されてから塩基配列が変更される場合のあること，RNAからDNAに「逆転写」される場合のあること等がわかって現在に至っています。

■アダプター分子とは？

アダプター分子にはアミノ酸がついていることが発見され，これらのRNA分子はクリックの予想したタンパク質合成でアミノ酸を運ぶ役割を担う transfer（転移）RNA（tRNA）と名付けられました。

しかし，それではDNAの担う遺伝情報を核からリボソームへと導くという重要な役割を果たすのはどの分子なのでしょうか？　それはリボソームRNA自身ではないかとも考えられたことがありましたが，よく調べてみると，リボソームRNAは全体として均一であり，個々の遺伝子に対応する多様性のないことが明らかになり，この考えは捨てざるを得ませんでした。

■mRNAの発見

一方，1956年にヴォルキン（Elliot Volkin）とアストラカン（Lazarus Astrachan）は，大腸菌にT$_2$ファージを感染させ，直後に放射性のリン（^{32}P）を与えて塩基の化学分析を行うと，「大腸菌のDNAではなくT$_2$ファージ

の DNA によく似た短い寿命の RNA（DNA-like-RNA）ができる」とい
うことを報告しました。

　この報告は，大腸菌の β ガラクトシダーゼという酵素についての研究か
ら，遺伝子から酵素タンパク質ができる際には不安定な X という分子の介
在が必要だと考えていたパスツール研究所のジャコブ（Francois Jacob）
とモノー（Jacques Monod）らにもたらされ，彼らは X がヴォルキンとア
ストラカンの発見した DNA-like-RNA であり，核の DNA の遺伝情報を
コピーしてリボソームへ受け渡しする役割を担う重要な分子であることに
気がついたのです。こうして X は，遺伝情報を伝達するという意味でメッ
センジャー RNA（mRNA）と名付けられました。

　このように，DNA の二重らせん構造の発見とともに，現代生物学上で
もっとも重要とされる mRNA の発見の端緒はヴォルキンとアストラカン
の DNA-like-RNA の発見によって作られました。

3 転写と翻訳のしくみ

RNA と DNA

RNA の糖の構造

RNA は DNA と異なり 1 本鎖で，糖として
リボースをもちます。リボースでは，5 個の炭
素のうち 2 番目の C（2'C）に OH が結合して
います。デオキシリボースでは名前の通り，
デオキシ（デ＝とる，オキシ＝酸素原子の意
味で，OH から酸素をとると H が残るので）H
が結合することになります。また，RNA の塩
基は T の代わりにウラシル（U）が使われます。

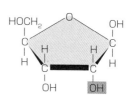

図1 リボース

RNA の種類

RNA は，DNA 配列からタンパク質を合成する上で重要な働きを担って
います。RNA にはメッセンジャー RNA（mRNA），リボソーム RNA
（rRNA），トランスファー RNA（tRNA）という 3 種類があります。こ
れらの RNA はいずれも RNA ポリメラーゼによって合成されます。

mRNA は，DNA の遺伝情報そのものをコピーした（鋳型にして作成した）
もので，タンパク質の設計図となりリボソームでのタンパク質合成に働き
ます。

それに対して，rRNA や tRNA はタンパク質に翻訳されず，それ自体が
細胞の中で機能をもってタンパク質合成に働いています。tRNA や rRNA
はタンパク質をコードしない RNA（ノンコーディング RNA（ncRNA））
となっています。rRNA は，タンパク質を合成する場であるリボソームを
形成します。tRNA は，タンパク質を合成する際に必要な材料（アミノ酸）
をリボソームへ運ぶ，いわばトラックの役割を果たしています。

そして，塩基の種類は，A，G，C は DNA と共通ですが，RNA では T
の代わりに U（ウラシル）になります。さらに糖の部位はリボースになり
1 本鎖で存在します。

mRNA

mRNA は DNA の部分コピー

DNA は全ての遺伝情報，全てのタンパク質の設計図が書いてある，と

ても長くて大きな物質です。それが，コンパクトに折りたたまれて細胞中の核の中に収納されています。あるタンパク質を合成するときに，必要な遺伝子 DNA 配列だけをコピーした RNA が，核の外へ持ち出されます。核の外に持ち出される RNA が mRNA です。

RNA には何種類かあって，それぞれに働きが違います。次に，転写と翻訳の過程で働く mRNA と tRNA の働きを見ていきましょう。

■メッセンジャー RNA（mRNA）

部分コピーしたい遺伝子 DNA 配列の二重らせん構造がほどけて，1 本鎖構造に変化します。その次に，タンパク質合成に必要な遺伝子の DNA 塩基配列を鋳型にして，RNA ポリメラーゼという酵素の働きにより塩基配列が RNA へコピーされて mRNA がつくられます。RNA へコピーされる時には，塩基の G と C，A と U が対になって結合する相補性が利用されます。その後，mRNA は核膜の穴（核膜孔）から出て細胞質へ移動します。

真核生物の細胞核内で遺伝子 DNA 配列がコピーされ mRNA になる過程を「転写」といいます。

この転写された RNA は **mRNA 前駆体**とよばれるもので，エキソン領域（タンパク質を指定する部分）とイントロン領域（タンパク質を指定しない部分）が含まれています。mRNA 前駆体から mRNA ができるときは選択的スプライシングが起こることで複数の mRNA が作られます。これが，1 個の遺伝子から 1 種類のタンパク質ではなく複数のタンパク質が合成される理由です。

問題 〈選択的スプライシングによってつくられるタンパク質〉

ある動物の遺伝子（R とする）は，5 つのエキソンとそれらの間の 4 つのイントロンからなる。開始コドンは最初のエキソンにだけ，終止コドンは最後のエキソンにだけ存在するため，これらのエキソンは必ず使われる。また，それぞれのエキソンの一部のみが部分的に使われることはないものとする。遺伝子 R が転写された後，選択的スプライシングが起きるとすると，理論上，何種類の mRNA が生じるか。

解答 8 通り

解説　遺伝子Rが転写された結果生じるmRNAの前駆体はエキソン1－イントロン1－エキソン2－イントロン2－エキソン3－イントロン3－エキソン4－イントロン4－エキソン5　という配置をとります。

　必ずエキソンから始まりエキソンで終わるのでイントロンの個数はエキソンの個数よりも1個少なくなります。エキソンが5個でイントロンが4個という状況です。そしてそれが交互に並んでいます。

　問題文「開始コドンは最初のエキソンにだけ，終止コドンは最後のエキソンにだけ存在するため，これらのエキソンは必ず使われる」とあることから，選択的スプライシングによって生じるmRNAのエキソンの組み合わせは，エキソン2を選択するかしないかで2通り，エキソン3，4についても同様にそれぞれ2通りなので合計 $2^3＝8$ 通り生じます。

tRNA

■トランスファーRNA（tRNA）

　タンパク質合成のもとになる情報がmRNAとして核から細胞質へと移動すると，次にアミノ酸をmRNAの塩基配列どおりの順序でつなげていくシステムが働きます。すなわちメッセンジャーRNA（mRNA）のヌクレオチド配列をアミノ酸に置換する操作を行います。コドンと相補性のある3個のヌクレオチド（アンチコドン）を含む約70〜90ヌクレオチドからなり，分子量約2万〜3万。それぞれのtRNAはアミノアシルtRNA合成酵素により遺伝暗号に対応したアミノ酸を結合することができます。リボソーム上でmRNAのコドンとtRNAのアンチコドンが対応し，tRNAに結合していたアミノ酸がペプチド結合してタンパク質が合成されます。20種類のアミノ酸それぞれに対応して数種類のtRNAがあり，リボソームを構成するRNA（rRNA）とともに細胞内のRNAの大部分を占めています。

■遺伝情報の翻訳

　タンパク質合成される場所は**リボソーム**という細胞小器官です。必要なアミノ酸をリボソームまで運び，mRNAの3つの並びの塩基と相補性で

結合することでアミノ酸を mRNA の塩基配列に従って並べる働きをする
のが **tRNA** です。

　アミノ酸を運ぶ tRNA が，リボソームで mRNA の３つの並びの塩基に
相補性で結合し，運ばれてきたアミノ酸が順番につながりタンパク質が合
成されます。この過程を「翻訳」といいます。

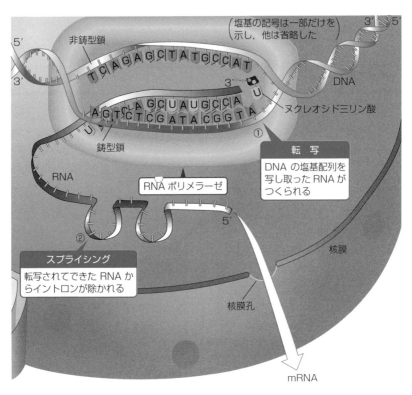

図 2　真核生物の転写

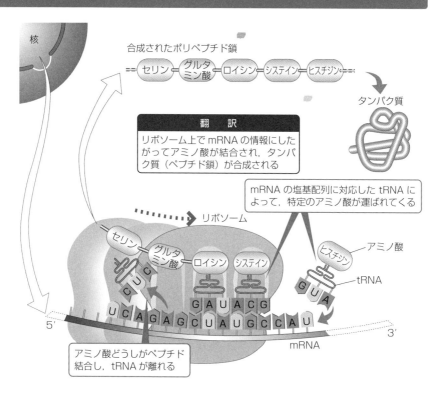

図3 タンパク質合成の過程

表1 RNA分子とその働き

RNAの構造	mRNA	tRNA	rRNA
おもな はたらき	遺伝情報をリボソームに伝え，タンパク質のアミノ酸配列の順番を決める。	翻訳の過程で，mRNAの情報に対応したアミノ酸をリボソームへ運搬する。	リボソームの構成要素で，アミノ酸とアミノ酸を結合させてタンパク質をつくるなどの機能をもつ。
構造	・1本鎖 ・塩基数 1,000〜10,000	・1本鎖 ・塩基数 70〜90	・1本鎖 ・塩基数 120〜10,000

コドン

　タンパク質合成に必要なアミノ酸がどういう順番でつながってタンパク質になるかは，mRNA の塩基配列で決まります。mRNA の連続する 3 塩基の並びでアミノ酸の種類が決定します。

　例えば，うま味成分として知られるアミノ酸「グルタミン酸」ならコドンは GAA，肌の水分量を保つために重要な保湿成分の 1 つのアミノ酸「セリン」なら UCA というように塩基の並びが決まっています。

　この連続する 3 つの塩基の並びを「コドン」といいます。コドンがどのアミノ酸に相当するのかを示した暗号の解読表を「遺伝暗号表（コドン表）」といいます。

■コドン表の特徴

　タンパク質を構成する 20 種類の各アミノ酸に対応する mRNA（伝令RNA）の塩基配列（4 種類のヌクレオチドの並び方）を遺伝暗号といいます。1 つのアミノ酸は mRNA の連続した塩基 3 個 1 組（トリプレット，triplet）の配列によって規定され，この 3 個 1 組の塩基配列をコドンとよびます。従って，コドンは $4^3 = 64$ 種類存在し，どのコドンがどのアミノ酸に対応するか示したものを「遺伝暗号表」（下表）といいます。

　メチオニンとトリプトファン以外のアミノ酸は，1 つのアミノ酸に対して複数のコドンが対応します。このことを遺伝暗号の縮重または縮退といい，縮重しているコドン間での配列の違いは主に 3 番目の塩基で見られます。3 種類のコドンはいずれのアミノ酸にも対応せず，これらは終止コドンとよばれ，翻訳終結のシグナルとして働きます。また，AUG のコドンはメチオニンを規定しますが，一部の AUG* は翻訳開始のシグナル（開始コドン）としても働きます。

biochemical words

*AUG

AUG というコドンは開始コドンとして働く場合もあるし，開始コドンの意味合いはなくメチオニンを指定するだけの場合もある。

翻訳される場合に最初に出現した AUG は開始コドンとなりメチオニンを指定することが多いようである。それ以降に出現した AUG は開始コドンの働きはなく単純にアミノ酸指定のみに働く。

遺伝暗号表（RNA コドン表）

		2番目のヌクレオチド			
	U	**C**	**A**	**G**	
U	UUU **Phenylalanine**（Phe）	UCU **Serine**（Ser）	UAU **Tyrosine**（Tyr）	UGU **Cysteine**（Cys）	U
	UUC Phe	UCC Ser	UAC Tyr	UGC Cys	C
	UUA **Leucine**（Leu）	UCA Ser	**UAA ストップ**	**UGA ストップ**	A
	UUG Leu	UCG Ser	**UAG ストップ**	UGG **Tryptophan**（Trp）	G
C	CUU **Leucine**（Leu）	CCU **Proline**（Pro）	CAU **Histidine**（His）	CGU **Arginine**（Arg）	U
	CUC Leu	CCC Pro	CAC His	CGC Arg	C
	CUA Leu	CCA Pro	CAA **Glutamine**（Gln）	CGA Arg	A
	CUG Leu	CCG Pro	CAG Gln	CGG Arg	G
A	AUU **Isoleucine**（Ile）	ACU **Threonine**（Thr）	AAU **Asparagine**（Asn）	AGU **Serine**（Ser）	U
	AUC Ile	ACC Thr	AAC Asn	AGC Ser	C
	AUA Ile	ACA Thr	AAA **Lysine**（Lys）	AGA **Arginine**（Arg）	A
	AUG Methionine（Met）**or 開始**	ACG Thr	AAG Lys	AGG Arg	G
G	GUU **Valine** Val	GCU **Alanine**（Ala）	GAU **Aspartic acid**（Asp）	GGU **Glycine**（Gly）	U
	GUC（Val）	GCC Ala	GAC Asp	GGC Gly	C
	GUA Val	GCA Ala	GAA **Glutamic acid**（Glu）	GGA Gly	A
	GUG Val	GCG Ala	GAG Glu	GGG Gly	G

次の場合を考えてみましょう。

 　図1は，アミノ酸300個からなるタンパク質の mRNA の一部を示しており，タンパク質のN末端のアミノ酸配列を含んでいる。上記の遺伝暗号を参考に，このタンパク質のN末端から5個目までのアミノ酸配列として最も適当なものを，下の①〜⑩から1つ選びなさい。ただし，翻訳開始位置を示す遺伝暗号は AUG である。

5´…AGAUGCAUGUAUGACGGGAUUUAACACA…3´

図1

① メチオニン－トレオニン－グリシン－アラニン－アスパラギン
② メチオニン－トレオニン－グリシン－フェニルアラニン－アスパラギン
③ メチオニン－ヒスチジン－バリン－アルギニン－アスパラギン酸
④ メチオニン－ヒスチジン－バリン－アルギニン－アスパラギン
⑤ メチオニン－チロシン－アスパラギン酸－グリシン－イソロイシン
⑥ メチオニン－チロシン－アスパラギン酸－グリシン－ロイシン
⑦ メチオニン－チロシン－アスパラギン－グリシン－イソロイシン
⑧ メチオニン－チロシン－アスパラギン－グリシン－ロイシン
⑨ アルギニン－システイン－メチオニン－チロシン－アスパラギン酸
⑩ アルギニン－システイン－メチオニン－チロシン－アスパラギン

解答 ②

解説
　コドンの区切りの位置がわからないので，次の (1)，(2)，(3) の3つの場合に分けて考えます。

5´…AGA/UGC//UAU/GAC/GGG/AUU/**UAA**/CACA…3´　　(1)

5´…A/GAU/GCA/UGU//ACG/GGA/UUU/AAC/ACA…3´　　(2)

5´…AG/AUG/CAU/GUA/**UGA**/CGGGAUUUAACACA…3´　　(3)

　先頭から塩基3個ずつに区切られていくと (1) のように AUG が出現しますが，これを含めて6個目にUAAの終止コドンとなってしまい，リード文にある300個のアミノ酸配列に対応できないので不適となります。
　よって，(1) の AUG は開始コドンとはなりません。

　（2）では4番目のコドンの AUG から翻訳が始まると途中に終止コドンが出現しません。これが有力な候補となります。ここからつくられるアミノ酸は AUG（メチオニン）− ACG（トレオニン）− GGA（グリシン）− UUU（フェニルアラニン）− AAC（アスパラギン）− ACA（トレオニン）となります。よって②が正解となります。

　（3）では1番目のコドンが開始コドン AUG となると4番目に終止コドン UGA が出現して翻訳停止となるので不適です。

索引

さ行

228

●著者紹介

大森　茂（おおもり しげる）

東北大学大学院理学研究科博士後期課程修了。理学博士。
大学で分子生物学や分子生理学を教える一方，大手予備校で大学編入試験や東大・難関医学部受験の生物を教える人気講師。「生物は暗記科目ではない」と熱く主張する。
まとまった休みが取れれば八ヶ岳や南アルプスを縦走し，最近は北アルプスまで足をのばすことも。時間があればサッカー場のウェーブの中でひときわ激しく踊るサポーターと化する，ヒト科ヒト属のアクティブ種。
著書は『大学1・2年生のためのすぐわかる分子生物学』『改訂版 大学1・2年生のためのすぐわかる生物』『大学1・2年生のためのすぐわかる演習生物』（以上，東京図書），『大森の生物論述問題の解き方』（東京書籍），『東大の生物25ヵ年』（教学社），『5週間入試突破問題集基本生物ⅠB・Ⅱ重要事項』（開拓社）など。

だいがくいち に ねんせい　　　　　　　　　　　　　　　　せい か がく
大学1・2年生のためのすぐわかる生化学

2023 年 6 月 25 日　第 1 刷発行

Printed in Japan
© Ohmori Shigeru, 2023

著　者　大森　茂
発行所　東京図書株式会社
　　　　〒 102-0072　東京都千代田区飯田橋 3-11-19
　　　　電話●03-3288-9461
　　　　振替●00140-4-13803
　　　　http://www.tokyo-tosho.co.jp

ISBN 978-4-489-02404-7